测绘地理信息科技出版资金资助

GNSS 高动态定位性能检定理论及关键技术研究

Theory and Key Technology on Accuracy Calibration of GNSS High Kinematic Positioning

丛佃伟　著

测绘出版社

·北京·

内容简介

卫星导航系统定位性能的测试与评估贯穿于卫星导航系统的设计、研发、部署、运行和扩展等各个阶段。本书紧紧围绕卫星导航系统高动态定位性能检定理论及关键技术展开研究工作，沿着动态定位性能检定系统建立及精度验证这条主线，从动态定位检定载体、动态定位检定技术、动态定位检定系统指标评价及指标确定角度出发，围绕提出的多节点摄影/惯导组合测量方法精度影响因素展开研究，对涉及的多项关键技术展开了系统的分析与论证，为推进 GNSS 高动态定位性能检定系统建设进行了有益的探索。

本书可作为高等学校卫星导航专业的本科和研究生教材及任职培训教材，也可作为相关科研工作者和工程技术人员的学术参考书。

图书在版编目（CIP）数据

GNSS 高动态定位性能检定理论及关键技术研究/丛佃伟著. —北京：测绘出版社，2017.1

ISBN 978-7-5030-3996-6

Ⅰ. ①G…　Ⅱ. ①丛…　Ⅲ. ①卫星导航—全球定位系统　Ⅳ. ①P228.4

中国版本图书馆 CIP 数据核字（2016）第 302041 号

责任编辑　贾晓林　**执行编辑**　王佳嘉　**封面设计**　李　伟
责任校对　程铁柱　**责任印制**　陈　超

出版发行	测绘出版社	**电　　话**	010—83543956（发行部）
地　　址	北京市西城区三里河路 50 号		010—68531609（门市部）
邮政编码	100045		010—68531363（编辑部）
电子邮箱	smp@sinomaps.com	**网　　址**	www.chinasmp.com
印　　刷	北京京华虎彩印刷有限公司	**经　　销**	新华书店
成品规格	169mm×239mm		
印　　张	9.75	**字　　数**	184 千字
版　　次	2017 年 1 月第 1 版	**印　　次**	2017 年 1 月第 1 次印刷
印　　数	001—800	**定　　价**	45.00 元

书　　号　ISBN 978-7-5030-3996-6
本书如有印装质量问题，请与我社门市部联系调换。

序

定位性能是卫星导航系统性能的基础和核心，国内外同行围绕卫星导航系统定位性能测试评估方法开展了大量理论研究与实践工作。卫星导航系统动态定位模式具有定位精度高、瞬时性、动态范围大、数据更新率高等特点，这些特点给动态定位性能评估及检定带来了巨大的挑战，目前国际上尚未建立独立于卫星测量手段的卫星导航系统动态定位性能检定标准。

作者对利用非卫星测量手段进行卫星导航系统动态定位性能检定工作进行了探索，在系统分析现有卫星导航系统动态定位性能测试评估方法基础上，设计了基于多节点摄影/惯导组合测量技术的GNSS动态定位性能测试评估系统建立方案。从提高组合系统测量性能角度出发，提出并应用了区别于组合导航滤波算法的摄影/惯导组合测量方法。通过数值计算方法建立动态条件下的捷联惯导误差传播模型，将多个节点的摄影交会测量信息应用到捷联惯导误差传播模型，用最小二乘最优估计法统一解算惯导误差参数，使经修正的捷联惯导数据在节点间内能保持均匀的高定位精度和高数据更新率。该方法可以解决高动态条件下高定位精度和高数据更新率的一致性问题，并能够同时实现高动态条件下的高精度测速功能。书中从理论分析和实践验证两方面对提出的多节点摄影/惯导组合测量方法进行了详细的研究与分析，并对其性能验证方案进行了设计，所做工作具有较强的创新性和工程应用价值。

该书作者是我的学术秘书和博士生，平日专注于卫星导航领域的教学和科研工作，在研究团队中发挥了重要的作用。相信该书的出版能为从事卫星导航系统动态定位性能测试评估领域研究的同行提供宝贵的借鉴，我期待该书能够早日出版。

许其凤

2016年6月

前　言

卫星导航系统能够同时提供定位、导航、授时功能，是现代国防和国民经济建设的重要基础设施。随着技术的不断成熟以及国际卫星导航市场竞争关系的加剧，卫星导航系统建设与升级进入了快速推进阶段。2020 年将出现 GPS、GLONASS、BDS、Galileo 四大全球卫星导航系统并存的局面，卫星导航系统全面性能的优劣将直接决定着各个系统在国际上的应用范围。定位性能是卫星导航系统性能的基础和核心之一，是衡量卫星导航系统技术水平的重要标志，卫星导航系统定位性能的测试与评估贯穿于卫星导航系统的设计、研发、部署、运行和扩展等各个阶段，卫星导航系统定位性能测试评估方法研究一直是卫星导航领域内的研究热点之一，国内外近年来均开展了大量的理论研究与实践工作。

用户空间位置随时间不断发生变化，卫星导航接收机动态定位结果具有瞬时性和不可重复性，使卫星导航系统动态定位性能与静态定位性能在测试、检定方法和实现途径上有较大的差异；再加上卫星导航系统的高定位精度，使得建立独立于卫星导航系统的 GNSS 动态定位检定系统及其精度验证体系变得异常困难，国内外现有技术和手段很难同时满足高动态条件下的高定位精度、高数据更新率以及完整的精度验证体系三个条件。国际上尚未建立独立于卫星测量手段的卫星导航系统动态定位（三维）性能检定技术，这也是本书开展研究工作的意义和出发点。

本书紧紧围绕卫星导航系统高动态定位性能检定理论及关键技术展开研究工作，设计了基于多节点摄影/惯导组合测量技术的动态定位性能检定系统。首次提出的多节点摄影/惯导组合测量方法将多个节点的位置信息代入捷联惯导误差方程，采用最小二乘算法对事后数据统一解算惯导误差参数，使动态检定节点间经修正的捷联惯导数据能保持均匀的高定位精度和高数据更新率，大大提高了摄影/惯导组合测量方法的定位精度，解决了高动态条件下高定位精度和高更新率的一致性问题，同时能够实现高动态条件下的高精度测速功能。

本书第 1 章主要阐述了卫星导航系统动态定位性能检定工作的研究意义和国内外研究现状。第 2 章主要介绍了与卫星导航系统动态定位性能检定有关的基础理论知识。第 3 章探讨了 GNSS 动态定位性能检定系统设计方案，以北斗卫星导航系统动态定位性能检定为例，确定了动态定位检定系统的指标评价方法及性能指标，归纳总结了选用摄影/惯导组合测量技术作为动态检定技术的原因，设计了多设备高动态条件下的位置归心、时间同步关键问题的解决方案。第 4 章探讨了面向动态定位检定的摄影测量关键技术，摄影测量交会定位精度对多节点摄影/惯导组合测量方法定位精度起决定作用，本章对影响摄影测量交会定位精度的因素进行了全面的研究。第 5 章开展了实际的摄影测量交会定位性能验证试验。第 6 章对提出的多节点摄影/惯导组合测量技术进行研究，对摄影测量交会定位精度、载体运动速度、不同精度惯性器件等影响多节点摄影/惯导组合测量方法实现精度的因素进行了较深入的分析。第 7 章探讨了 GNSS 动态定位检定系统性能验证方案。

本书主要研究工作是在博士生导师许其凤院士的悉心指导下完成的，书稿完成之际，首先向导师表达最诚挚的感谢和敬意！作为学生和秘书，经过十年的耳濡目染，我深为院士严谨的治学态度和科学研究精神折服，许院士溯源求真、验证求实的科学情怀是我前行路上的灯塔，避短扬长的科研思路和数十年的执着钻研激励着我继续向前！感谢课题组郝金明教授、杨力教授、吕志伟教授、贾学东副教授、董明博士为本书研究提供的帮助，其中也凝结了他们的大量心血！感谢信息工程大学导航与空天目标工程学院为我提供的良好科研工作环境！感谢国家自然科学基金(41604032)和地理信息工程国家重点实验室开放研究基金(SKLGIE2015-M-2-5)的支持。

希望本书内容能够引起卫星导航领域对于建立 GNSS 高动态定位性能检定系统的思考，推动我国建立国际上首个独立于卫星导航系统的 GNSS 高动态定位性能检定系统。由于作者水平有限，加之 GNSS 动态定位性能检定体系是一项全新的系统工程，书中论点难免有偏颇之处，恳请各位读者不吝赐教，电子邮件可发送至 congdianwei@sina.com 与我直接联系。

丛佃伟

2016 年 6 月

目　录

Contents

第1章 GNSS动态定位测试评估方法研究现状

1.1 研究背景及意义

卫星导航系统能够同时提供定位、导航、授时(positioning, navigation and timing, PNT)功能，是现代国防和国民经济建设的重要基础设施，是建立统一时空基准的有效方式，是一个国家或地区的重要战略资源。目前已有和正在建设的全球导航卫星系统(GNSS)包括美国的全球定位系统(GPS)、俄罗斯的格洛纳斯系统(GLONASS)、中国的北斗卫星导航系统(BDS)与欧盟的伽利略卫星导航系统(Galileo)。随着技术的不断成熟以及国际卫星导航市场竞争关系的加剧，卫星导航系统建设与升级进入了快速推进阶段。美国的GPS和俄罗斯的GLONASS正在紧锣密鼓地进行现代化升级改造；我国北斗卫星导航(区域)系统于2012年12月建成并正式开通运营，2015年3月30日我国首颗新一代北斗导航卫星发射升空，标志着中国北斗卫星导航系统全球组网工作的开始，预计2020年我国全面建成北斗卫星导航(全球)系统；欧盟的Galileo已能够实现初步定位服务，计划2020年能够提供全面应用服务。届时各卫星导航系统的全面性能均较现在有较大提升。

对卫星导航系统功能、性能的测试与评估贯穿于GNSS设计、研发、部署、运行和扩展等各个阶段。系统建成后，需要对系统的各分项技术指标和实际实现的服务性能进行测试评估并进行指标发布，同时为下一步的系统改进提供技术支撑。卫星导航系统性能测试评估方法研究一直是卫星导航领域内的研究热点之一，近年来国内外均开展了大量的理论研究与实践工作，由于服务性能的测试评估涉及的内容较多，目前对服务性能各类目的评估理论与技术途径尚缺乏统一的标准。

衡量卫星导航系统服务性能的指标主要有精度、可用性、完好性、连续性等，K. Kovach给出了描述四大性能指标之间关系的模型。卫星导航系统的精度指标是卫星导航系统性能的基础和核心，也是衡量导航系统技术水平的重要标志之一。依据用户的运动状态，卫星导航系统定位性能可以分为静态定位性能和动态定位性能。静态定位时载体相对地球是静止的，其位置在时间域上不发生改变，测量的结果容易追溯，因此静态定位性能测试及检定技术较为成熟。根据载体运动速度，如表1.1所示载体可简单分为低动态、中动态、高动态和超高动态，同一载体也具备不同的动态性能。动态定位时用户处于运动状态(有一定的速度和加速度)，卫星导航接收机的空间位置随时间不断发生变化，卫星导航接收机动态定位结果具有瞬时性和不可重复性，这为动态定位性能测试及检定带来难题，使卫星导航系统动态定位性能与静态定位性能在测试及检定方法和实现途径上有较大的差异。动态定位结果的瞬时性要求采用快速时域定位参数来描述与刻画定位载体的运动状态和运动过程，并要求能高速、准确地显示与记录动态定位结果(郝晓剑，2013)。

表1.1　载体动态范围概略分类

动态分类	动态范围/km・h^{-1}	载体
低动态	≤50	行人、非机动车等
中动态	≤300	汽车、火车、舰船等
高动态	≤1 224	民航飞机等
超高动态	>1 224	卫星、导弹等

动态定位性能检定是动态定位性能评估的高级阶段，需要按照计量规范要求对测试评估方法进行严谨的性能验证(溯源)工作，检定结果较常规的测试评估(比较)结论更具可信度、更能反映系统的实际性能。本书主要研究高动态条件下的动态定位检定理论与方法，限于载体的运动特性及性能验证的难度，目前国内外对动态定位性能测试评估开展的工作较多，但对动态定位性能检定开展的研究较少，经检索尚未发现成熟的卫星导航系统动态定位性能检定方法(丛佃伟 等，2014)。本书选取GNSS卫星导航系统动态定位性能检定理论与方法作为研究内容，主要考虑到以下几方面的需要。

1.1.1　卫星导航系统自身建设的需要

对卫星导航系统功能、性能的测试评估贯穿于卫星导航系统的设计、研发、部署、运行和扩展等各个阶段。卫星导航系统是一个复杂系统，如图1.1所示。影响导航定位精度的因素很多，如卫星导航信号质量、所测卫星几何分布、卫星钟的稳定性、卫星发播的轨道和卫星钟差精度以及各修正值(参数)残差水平、信号传播环境、接收机伪距测量精度、定位解算数学模型、载体运动速度(加速度)及姿态等诸多因素均会影响卫星导航定位性能。卫星导航系统动态定位性能是诸多因素共同作用的结果，众多误差源的综合影响决定了动态定位性能，这些误差源往往分属不同的分系统，它们也是由一系列相关误差源综合作用的结果。为了保障系统达到预定的导航定位精度，在系统设计(包括各分系统设计)时就按照总体要求，逐级制定一系列技术指标，并在各分项实施后对分项技术指标进行检测评估。理论上这些检测后的不确定度的叠加可以确定系统的导航定位不确定度。然而，这些误差源的误差特性(分布)往往与理论特性相差较大。这就导致按照一定方法叠加的定位不确定度和实际(用户所能取得的)定位不确定度有一定的差异，不能真实反映系统的性能。

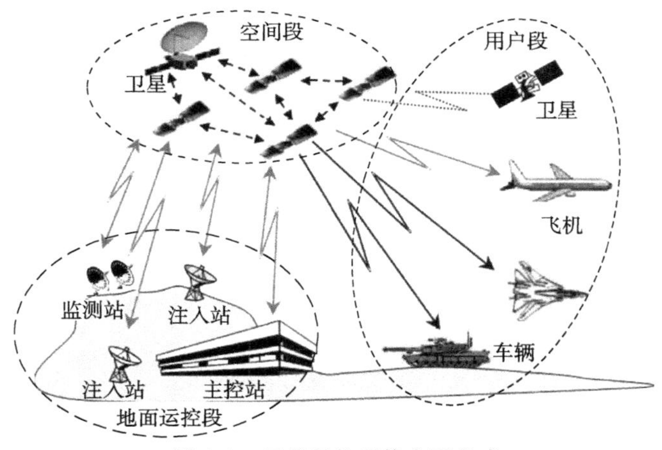

图 1.1　卫星导航系统主要组成

卫星导航系统的定位性能是卫星导航系统的重要技术指标，动态定位性能检定工作可以给出准确可靠的性能指标，对于系统自身建设具有重要的意义，是建设和使用卫星导航系统的重要环节。首先，卫星导航系统设计阶段对动态定位性能有预期指标，实际的动态定位性能检定可以验证建成的系统是否满足设计指标要求，同时为下一步系统性能改善和增强提供参考依据。其次，卫星导航系统建成后，为增进用户对卫星导航系统性能的了解和提高用户使用的信心，需要发布卫星导航系统服务标准，动态定位性能的检定结果较其他测试评估手段更具备说服力，为卫星导航系统定位性能指标的发布提供参考依据。

1.1.2　卫星导航系统动态定位性能评估方法发展的需要

目前国内外主要采用将卫星导航定位结果与其他定位方法（甚至采用其他卫星导航系统）获得的测量结果进行比较评估的方法，国内卫星导航定位总站、信息工程大学、武汉大学等单位均进行了大量的研究和实践工作，取得了丰富的成果。比对评估方法主要利用 GPS 实时动态差分（real-time kinematic，RTK）或精密单点定位（precise point positioning，PPP）技术展开，两种方法本质上均是基于无线电测距（伪随机码测距和载波相位测距）的空间后方交会方法，与卫星导航定位的本质相同，在观测量、解算方法等方面存在较强的相关性，难以消除可能存在的系统性误差对定位结果的影响。另外，两种技术在运动载体加速度或者加加速度较大时容易失锁，无法完成全状态下的卫星导航系统动态定位性能测试。此外，还有其他能够对载体动态定位性能进行测试的装备和评估方法（如高速摄像、光电经纬仪等）。

对于同一动态定位载体，利用不同类型的传感器和定位测试手段可能出现不同的评估结果，甚至相同类型的传感器不同批次测出的结果差别也很大，由于目前尚未完成测试比对方法定位性能的验证工作，也就无法实现卫星导航系统的动态定位性能检定工作。由于缺乏统一认可的动态定位性能检定基准体系，难以形成统一的动态定位性能评判结果。因此，国内外均迫切需要制定卫星导航系统的动态定位溯源性计量基准（标准），这其中最大的难点便是寻找动态定位精度较高、数据更新率满足要求而又能完成性能验证工作的技术及方法。寻求这样的技术，进行理论研究、试验验证及性能验证方案是本书研究的主要工作和难点。建立GNSS卫星导航动态定位性能检定系统（简称：动态定位检定系统）是动态定位性能测试评估方法向前发展的必要需求，可补充和完善我国卫星导航系统服务性能测试评估体系（秦智，2010）。

1.1.3 卫星导航系统终端计量检定的需要

测试计量技术作为衡量一个国家国防科技工业基础和工业能力的重要标志，贯穿于军工产品生产的全寿命周期中（微凉 等，2008）。卫星导航系统对于国民经济和国防领域关系重大，卫星导航定位终端作为关系国计民生的基础产品，生产企业众多，出厂前或重要用户装备采购前需要对产品进行计量检定。根据相关文献，2013 年我国卫星导航终端产品市场总值已经超过 1 500 亿，2015 年总值达到 2 000 亿，2020 年总值将达到 4 000 亿。根据我国《国防计量监督管理条例》和《计量法》要求计量器具在使用前需要进行检定的规定，2013 年 1 500 亿的国内导航终端产品市场也将能衍生 100 多亿的终端产品检测市场。导航型接收机的实际动态定位精度不仅反映了卫星导航系统的性能，还反映了接收机的性能和外部条件（如气象、大气）的影响。随着我国卫星导航系统的逐步建成，大量的导航型用户机将应用在国防和民用领域，高动态导航用户除了关注对卫星导航系统本身的性能外，更关注其在区域内实际能够获得的导航定位性能区间，这关系到导航用户的使用安全性及信息评估。目前我国限于动态定位检定系统的缺失，尚未建立强制的卫星导航终端动态定位性能检定规范。

国际法制计量组织（OIML）建议技术安全和公众健康领域中的特殊计量器具需进行强制计量管理（检定）。《计量法》规定用于贸易结算、安全防护、环境监测方面的仪器，需要纳入《强制检定的工作计量器具目录》。随着卫星导航接收机在民航、无人机、智能汽车等领域的广泛应用，卫星导航接收机动态定位性能将事关公共事务和公民人身安全，届时也就应该将卫星导航接收机纳入强制检定范畴，其中很重要的一项就是动态定位性能的检定。因此，建立卫星导航系统动态定位性能检定体系，能够满足在重要国防建设和国民经济领域对卫星导航系统接收机动态定位性能检定的需求，尤其是满足对北斗卫星导航系统接收机动态定位性能的检定需求。

1.1.4 卫星导航系统推广应用、满足特殊用户需求的需要

随着卫星导航系统的建设与推进，卫星导航应用领域内竞争因素增强，系统服务性能的优劣是成败的关键，特殊行业对卫星导航系统需求的不断提升也对系统服务性能提出了更高的要求。

卫星导航系统终端的用户主要是动态导航定位用户，民用导航用户如客机、直升机、高速列车、汽车等，军用导航用户如战车、战机、军舰、精密制导弹药等。动态定位具有定位实时性、数据短时性、用户多类型、速度跨度大等特点，动态定位性能的指标涉及可以满足哪些主要用户群对导航定位的需求、用户的应用范围和模式。例如，国际民航组织对卫星导航系统所能实现的性能有苛刻的测试指标，动态定位性能的评价指标确认便是其中的难点之一。各类军用作战飞行器和高速制导武器等的速度、加速度均较大，而常规 GNSS RTK 或者 PPP 的方式难以保证连续定位，且其自身的定位精度难以进行有效的性能验证。

系统建成后，按照或接近用户实际使用的条件进行导航定位动态性能检定工作是必要的，为用户提供可靠、可信、规范的动态定位性能指标，这样的检定指标是用户在使用中实际能获得的技术指标，也是敏感用户最关心的指标之一。例如，国际民航组织（ICAO）在2004年的SARPS（Standards and Recommended Practices）文档中定义了不同航空飞行阶段对 GNSS 的精密导航技术（RNP）指标（Feng et al，2006；李作虎，2012）。动态定位性能检定结果能为动态定位用户提供国际通用的卫星导航系统动态定位性能指标，提升重要应用部门在各类高动态场景中使用卫星导航系统终端的信心，对推广卫星导航系统在更多领域中广泛应用和进入国际市场有重要的作用。

1.1.5 满足卫星导航系统抗干扰和抗欺骗等技术研究的需要

“导航战（NAVWAR）”是一种新的军事作战模式，“导航战”攻防技术是诸多国家和行业的研究热点，对卫星导航系统和导航终端进行了大量的技术改进和改造（李跃 等，2008；丛佃伟 等，2011）。同时，由于卫星导航系统的“脆弱性”，部分民用设施也会对卫星导航系统产生干扰。动态定位检定系统主要由摄影测量系统和惯性导航系统组合而成，这两种方法工作自主性强，不受电磁环境的影响。GNSS 动态定位检定系统的建立可以评估各种干扰模式对卫星导航系统动态定位性能的影响，为卫星导航系统改进、装备改进和制定卫星导航系统应用法规提供依据。

1.2 国内外研究现状

20世纪90年代，为满足卫星导航设备的应用需求，国内外均建立了一些接收机检定场。我国第一个GPS检定场于1990年在北京沙河机场建立，后来国家测绘地理信息局在北京房山也建设了GPS检定场，随后又有中国地震局建立了徐水GPS接收机检定场及各省市建立的部分检定场等。检定场主要检测接收机系统内部噪声、天线相位中心偏差、接收机频标的稳定性和接收机高低温性能等，主要对设备硬件性能进行检测，并未列入定位性能的检测，以硬件合格的方式证明设备定位精度能够达到卫星导航系统性能指标(宋超，2012)。

国外也建立了一些接收机检定场，如(美国)联邦大地控制测量委员会(FGCC)在华盛顿特区建立的GPS接收机检定场，国外多个品牌的接收机在里面进行性能检定，以获得FGCC的认证作为其产品质量的标志，但是其不具备对接收机动态定位性能检定的能力。

在静止状态下，卫星导航系统静态定位性能与时域无关，静态定位性能的检定方法比较成熟，可以通过在任意地方的高精度大地控制点，在完成坐标系转换和位置归心后便可进行导航型接收机的静态定位性能检定。

卫星导航系统高动态定位模式具有定位精度高、定位结果瞬时性、动态范围大、数据更新率高等特点，这些特点对动态定位检定系统的建设带来巨大的挑战(如3.2节所述GNSS动态定位检定系统应具备的功能)。国内外对于动态检定的理论与实践工作开展较少，主要集中在理论推算、模拟仿真和测试评估(比较)方法上，下面就对这些评估方法进行总结。

1.2.1 动态定位性能理论推算

在卫星导航系统中，影响用户导航定位授时精度的因素包括导航系统所提供的空间信号(signal-in-space，SIS)的精度性能、接收机及测量环境相关的精度性能以及与用户使用服务时的时空要素相关因素决定的精度性能等三部分。其中，前两个内容以用户等效距离误差(user equivalent range error，UERE)表示，后面内容用精度衰减因子(dilution of precision，DOP)衡量。用户等效距离误差由用户测距误差(user range error，URE)和用户设备误差(user equipment error，UEE)两部分组成。从卫星导航系统的组成来看，用户测距误差综合反映了控制段、空间段对于精度的影响，基本反映了卫星导航系统的系统设计性能；而用户设备误差则反映了用户段对于精度的影响，当然还包括环境段产生的影响，主要指物理空间环境对信号传播的影响。精度衰减因子能反映接收机与可见卫星几何结构对用户测距误差的放大效应，是评估用户位置精度的重要内容。

GPS定义的位置、速度和授时精度评估方程(Parkinson et al,2010;U. S. Department of Transportation,2008)为

$$\left.\begin{aligned}\text{UHNE}&=\text{UERE}\times\text{HDOP}\\\text{UVNE}&=\text{UERE}\times\text{VDOP}\end{aligned}\right\}\tag{1.1}$$

式中,UHNE为用户水平导航误差,UVNE为用户垂直导航误差。

定位精度指标是基于单点最坏情况,同时有两颗卫星运行时效精度衰减因子最大时的前提下统计出的,精度衰减因子取95%值。在忽略环境段和用户段等卫星导航系统无法控制的影响因素情况下,认为用户等效距离误差近似等于空间信号用户测距误差。GPS标准定位服务(SPS)性能规范中通过均匀分布在卫星覆盖区域内的空间点来估计用户测距误差瞬时值,计算公式为

$$\text{URE}_{\text{GPS}}=\sqrt{(0.98R-cT)^2+\frac{1}{49}(A^2+C^2)}\tag{1.2}$$

式中,T为授时误差,c为光速,R、A、C分别为轨道径向、切向、法向误差。

GPS依托GPS OC(GPS Operations Center)、美国联邦航空管理局和海岸警卫队中心等机构开展了服务性能监测工作,并将结果对外公布。GPS OC是美国空军指控中心的一部分,该中心位于科罗拉多州施里弗空军基地,一周7天、一天24小时提供GPS异常报告和其他信息给国防部和军事用户,已向用户提供的产品超过75 000种。其官方网站上提供了用户告警通知和监测服务性能,包括精度因子分布图和预测的定位精度分布图。

美国国防部已经从1993年开始先后发布了5个版本的GPS标准定位服务性能标准文档,用于向全球展示并承诺GPS的服务性能(U. S. Department of Defense,1995,2001,2004;U. S. Department of Transportation,2008,2012)。GPS标准定位服务性能的发布主导了卫星导航系统性能标准及其评估指标体系,事实上已经成为目前GNSS的性能评估标准。

GLONASS依托俄罗斯信息分析中心(IAC)和俄罗斯太空设备工程研究所等机构开展性能监测工作。俄罗斯信息分析中心是地面飞行控制中心的一部分,负责监测GLONASS的服务性能,发布系统性能报告。月报分为三类型:GLONASS性能评估报告、激光测距评估星历精度报告和地球自转参数修正结果报告。周报主要是评估卫星导航系统的特征间隔,涉及双频用户测距误差的评估、星历准确性(评价标准EVI)、导航精度、定位精度和各分析中心星历误差估计等。日报评估的内容有卫星健康状态、GPS位置精度衰减因子(PDOP)、GLONASS PDOP、GPS质量评价等。

俄罗斯太空设备工程研究所是俄罗斯航天局国有企业,承担了俄罗斯的差分校正和监测系统(SDCM)项目,该中心的主要任务是从监测站收集数据,进行在线、事后监测,维护存有监测结果的数据库和服务用户。俄罗斯太空设备工程研究

所开发了与SDCM项目相关的网站，公开发布了SDCM监测站、实时监测结果、事后监测结果、精密定位结果和简要报告等。

根据北斗卫星导航系统公开服务性能规范(1.0版)的描述，空间信号精度采用误差的统计量描述，数值为正常运行条件下任意健康卫星的误差统计值(95%置信度)。空间信号精度主要有用户距离误差(URE)、URE的变化率(URRE)、URRE的变化率(URAE)、协调世界时偏差误差(UTC offset error，UTCOE)四个参数。北斗系统公开服务空间信号URE用瞬时URE统计值表示，指在不包含测量误差和接收机钟差条件下利用导航电文参数得到的伪距值与实际观测卫星信号得到的伪距值之差。

参考GPS关于定位精度评估方程，可以得到北斗系统URE的计算公式为

$$\left.\begin{aligned} URE_{GEO\&IGSO} &= \sqrt{(0.99R - cT)^2 + \frac{1}{127}(A^2 + C^2)} \\ URE_{MEO} &= \sqrt{(0.99R - cT)^2 + \frac{1}{54}(A^2 + C^2)} \end{aligned}\right\} \quad (1.3)$$

式中，T为授时误差，c为光速，R、A、C分别为轨道径向、切向、法向误差。

国内提出了全球连续监测评估系统(iGMAS)概念，主张在全球建立GNSS开放服务信号全球连续监测与评估网络，旨在对包括GPS、GLONASS、Galileo以及我国的北斗在内的主要GNSS提供的开放服务信号进行统一的、连续的、第三方的监测与评估，以便实时地为用户提供系统的性能状态、精密卫星轨道钟差产品等服务。

1.2.2　动态定位性能模拟仿真

系统模拟仿真法通过利用软硬件仿真实现和验证卫星导航系统的各个组成(包括空间段、地面段及用户段)来评估卫星导航系统可能达到的定位精度。为满足Galileo建设和GPS现代化升级需要，研究人员开发了多个旨在进行GNSS系统性能评估和优化的工具软件。ELCANO软件是用于优化导航和通信星座的工具，能够评估和分析导航系统的各项性能，诸如在各种场景条件下进行GNSS的性能计算与评估(Monseco et al，2000)。Galileo研究小组研发了GSSF(Galileo system simulation facility)仿真软件工具，除了具有各种星座、空间环境以及用户段的仿真外，还可以进行各种场景条件下的系统性能评估，为Galileo各种服务性能的评估以及星座优化、性能指标分配提供了功能非常强大、使用方便的工具软件(GSSF Team，2007)。

国内信息工程大学、中国电子科技集团第54研究所等多家单位进行了相应的研究并研发了专用的设备(刘勇 等，2005；蔚保国 等，2010；郑晋军 等，2010)。数学仿真单元主要完成卫星星座的轨道仿真、空间环境仿真、用户轨迹仿真、误差仿

真和观测数据仿真，模拟产生地面接收观测到的测量数据和导航电文；射频仿真单元根据输入的观测数据实时生成符合卫星信号格式和信号质量的射频信号。利用实际的接收机接收模拟信号，接收机的工作方式与实际测量过程一样。

1.2.3　动态定位性能测试评估(比较)

卫星导航动态定位的瞬时性、不可重复性、定位的高精度(米级)导致对卫星导航系统的动态定位性能的实际评估手段较少，高精度的传统测绘手段难以发挥作用，TPS动态跟踪测量是利用全站仪的自动目标识别技术与测距、测角技术的结合，目前仅在低动态场合有所应用。高速摄像方法的定位精度的数据更新率还难以满足要求。目前采用的动态定位性能测试评估法有地面无线电测距法、差分GNSS法、GNSS PPP方法和较差摄影测量方法等。下面对几种方法进行简要介绍。

1. 地面无线电测距法

无线电测量定位技术主要利用电磁波传播基本特性，通过接收、发射和处理无线电波，测量无线电发射台发射信号的相位、时间、振幅、频率等信息，计算载体相对于发射台的距离、方向、距离差、速度等，以确定运动载体与发射台之间的相对位置关系；若利用三个以上位置已知的发射台，可求得载体的动态位置。无线电测距法可分为测角(方位角或高低角)、测距、测距差和测速几种方式，目前精度较高的是测距系统。

利用在地面数个已知点上设置专用无线电测距仪，对发射无线电信号的载体进行测距来解算动态载体的三维位置，目前精度可达米级，用于对接收机动态定位精度的评估，适用于静态、低动态、高动态情况。美国早在GPS系统开发期间，在亚利桑那州建成了YUMA卫星导航试验场，无线电测距法利用在地面数个已知点上设置专用无线电测距仪，对发射无线电信号的载体进行测距来解算动态载体的三维位置，精度为米级。

该方法与GNSS定位原理在本质上相同，均为基于无线电测距的空间后方交会方法，难以消除系统性误差的影响。随着卫星导航系统定位精度的不断提高，该方法满足动态定位精度评估的难度也随之加大。

2. 差分GNSS法和GNSS PPP法

国内外采用最多的两种卫星导航性能测试方法，利用差分GNSS设备的定位结果评估被检接收机的动态定位精度，伪距差分的精度在米级，载波相位差分的精度可达到分米级。我国北斗一号卫星导航系统建成后，进行了导航定位不确定度评估，动态定位性能评估以差分GNSS(伪距差分)作为动态定位评估标准，动态范围为0～100 km/h，不确定度为5 m。北斗卫星导航区域系统建成后，国内信息工程大学、卫星导航定位总站利用GPS RTK、PPP技术做了大量的北斗动态定位性能验证试验，如图1.2所示。在绕城试验线路中，在距离试验场地适当的区域内的一个已知点上设置双频测量型GPS接收机，在试验车辆适当部位设置测量型GPS接收机和多个北斗定位型用户天线，并用相应的接收机接收数据，以实时或事后差分GNSS（载波相位差分）作为比对标准评估北斗接收机动态定位结果。

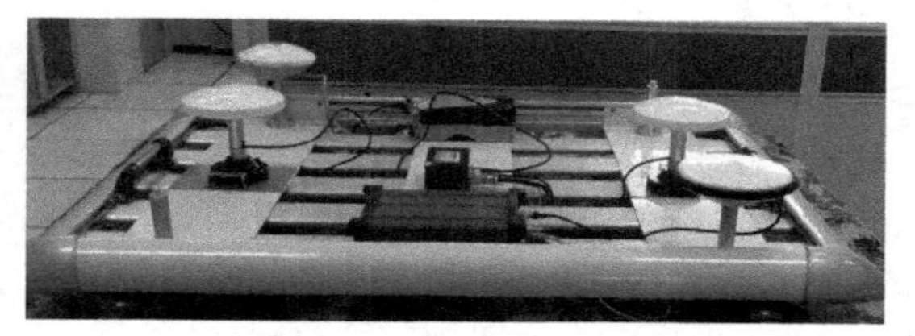

图1.2　利用GPS RTK进行绕城试验装备

2002年美国堪萨斯州立大学的泰勒等设计了长为800 m的铁轨，以GPS RTK定位结果来检测接收机的动态定位指标（Taylor，2003）。事先通过RTK测量方式以一定间隔测出铁轨的坐标，将GPS接收机置于运动在铁轨上的小车上，利用铁轨的直线性，以铁轨已知坐标与接收机动态导航定位的结果的差值对GPS接收机动态定位指标进行评估。作为比对标准的基准数据是由RTK测量得到的，而且这种测量方式也只能在特定地点以特定运动方式进行检测，并不能进行严格意义上的接收机定位性能的三维检定。设计的测试场景如图1.3所示。

图1.3　测试场景

国内学者对利用高动态条件下的北斗动态定位性能进行研究，利用在飞机上安装固定间隔的两台接收机，利用两台接收机的定位结果求得两天线间的距离，与事先测得的真实距离比较评估两台接收机定位误差，由于距离误差与两台接收机均相关，评估结果的可靠性有待商榷（秦世伟 等，2008；刘建成 等，2011）。国内采用机载GPS动态对动态的相对定位方法也展开了一些试验（宋美娟，2011）。

精密单点定位技术基本思想是将卫星定位误差分为卫星钟差、轨道误差、接收机钟差、电离层延迟和对流层延迟误差，将定位中的卫星轨道和卫星钟差固定为一个全球网络解得到的高精度卫星轨道和钟差（如IGS发布的高精度GPS卫星轨道和钟差产品），利用消电离层组合观测值消除电离层延迟的影响，将接收机钟差和对流层延迟作为未知参数与测站坐标一起求解得到高精度定位成果。国际上比较知名的具有 PPP 功能的软件有:美国 JPL 的 GIPSY 软件、瑞士的 BERNESE 软件、德国的 EPOS 软件、GAMIT、徕卡公司的 IPAS PPP 以及国内的 TriP 软件等,如图 1.4 所示在北斗卫星导航区域系统的城际和远洋动态试验中,曾采用 GPS PPP 结果作为评估标准,其理论动态定位精度可达到米级。

图 1.4　利用 PPP 法进行城际和远洋动态定位评估试验

差分 GNSS 法、GNSS PPP 法均要求在测量过程中接收机不能失锁,且与卫星导航定位观测量和定位方法相似,均为基于无线电测距的空间后方交会方法,难以消除系统性误差的影响。

3. 摄影测量方法

摄影测量技术采用光学定位方法和摄影测量原理,利用像片坐标解算其成像目标的空间位置。依据摄站的数量可分为单摄站摄影定位、多摄站摄影定位;依据定位方法可分为后方交会法、前方交会法(江延川,1991;张保明,2008;江振治,2009)。冯文灏(2002,2010)利用运动物体的物方控制点,通过直接线性变换、空间后方交会、空间前方交会等技术手段,对运动物体的轨迹测量和姿态估计等问题进行了深入的研究。基于视频影像的运动目标跟踪与定位技术应用也比较广泛,常利用高速摄像机、光电经纬仪等设备跟踪拍摄目标图像,数据处理后得到目标速度、加速度以及运动轨迹,处理的技术主要有基于光流场的方法、图像序列数字减影法、相关跟踪法、模式识别匹配跟踪法、数据关联和目标轨迹预测法等(苏国中,2005;贾峰 等,2006;李桂芝 等,2006;吕日好 等,2006;于文率,2006;于起峰,2008)。装甲兵工程学院利用两台高速摄像机交会测量导弹的位置及姿态(王平等,2008),其缺点是采用高速摄像机则定位精度难以满足要求,采用中高精度相机则数据刷新率难以满足要求,不能实现高精度与高数据刷新率的统一,必须与其他设备进行组合,这也是本书开展研究工作的主要出发点。

2004 年信息工程大学在郑州建立了 GPS 接收机综合检定场,除具备进行常规的接收机检测能力外,还利用电荷耦合元件(CCD)动态较差摄影定位法实现了

GPS接收机（二维方向）的动态性能测试（孟凡玉，2002；李军正，2004）。如图1.5所示，该方法主要利用安放在车载装置上的两台相互垂直的CCD数码相机同时对坐标已知的标志点进行摄影，综合利用摄影装置与标志点角度观测量与所在区域高程库信息，解算摄影装置的高精度坐标。由于受车载方式限制，动态范围小于100 km/h，且只能完成二维定位精度的评估（吕志伟 等，2008），数据更新率也不能满足动态检定的需求。

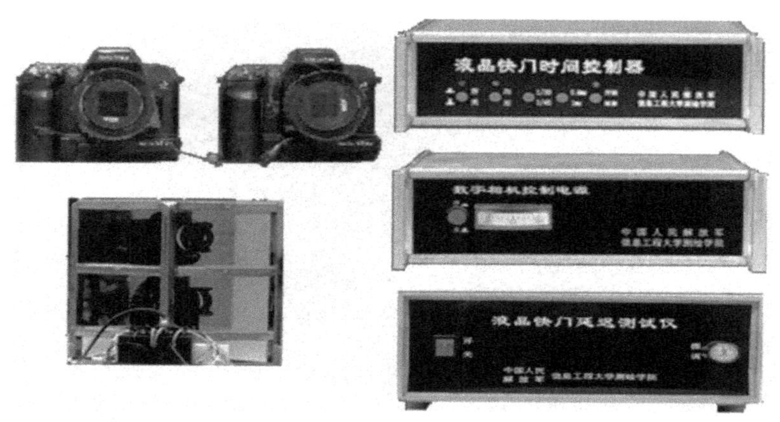

图1.5　摄影测量相机与用于时间同步的液晶快门控制器

1.2.4　结论

由于定位性能是卫星导航系统的基础和核心，国内外均开展了大量的理论研究与实际测试工作，但目前的方法存在以下不足：

（1）动态定位性能理论推算法利用DOP值和URE对定位性能进行评估，该方法是对卫星导航系统定位性能的理论推估，能总体反映卫星导航系统的定位性能，但该方法忽略了用户段和环境段的影响，也未考虑载体动态特性可能对定位性能的影响，因此与系统和用户实际达到的动态定位性能可能存在偏差。

（2）系统模拟仿真法的优点是对接收机可以进行较全面的考核，适用于静态、低动态、高动态各种情况下的定位性能评估，可以根据需要模拟各种动态指标生成动态轨迹进行性能仿真，解算结果与已知轨迹比较即可获定位解算精度。主要缺点是对动态定位精度的考核不够充分，这种方式得到的精度结果与所搭建系统的模型与实际情况的契合程度密切相关。

（3）地面无线电测距法、差分GNSS法和GNSS PPP法本质上也是无线电测量方法，与卫星导航定位原理一样属于基于无线电测距的空间后方交会方法，评估系统与被评估系统在观测量、解算方法等方面存在一定的相关性，难以消除系统性偏差对评估结果的影响。差分GNSS法和GNSS PPP法还属于利用卫星导航系统评估卫星导航系统，伪距差分精度难以满足要求；载波相位差分、GNSS PPP方法对载体的运动状态有限制，要求在测量过程中接收机不能失锁。

(4)摄影测量图像是在摄影瞬间获取，摄影测量结果在原理上与载体运动速度无关，其本质是基于测角交会的方法，与卫星导航系统在定位原理和观测量上有本质区别，因此摄影测量技术适合对动态目标位置及姿态的测量，能用于卫星导航系统动态定位性能检定的关键因素是能够实现高精度定位与高的数据更新率。书中采用高分辨率相机的单像空间后方交会定位技术能够实现高精度的定位，但其数据更新率不满足需求。

上述方法均未进行严格的高动态定位性能验证工作，只适合对卫星导航系统动态定位性能进行评估，不能作为检定技术。

1.3　本书主要研究内容

本书紧紧围绕GNSS高动态定位性能检定理论及关键技术展开研究工作，沿着动态定位性能检定系统建立及精度验证这条主线，从动态定位检定载体、动态定位检定技术选择、动态定位检定系统指标评价及指标确定角度出发，确定采用军用作战飞机挂载动态定位检定平台的方式，选用的多节点摄影/惯导组合测量方法能够满足动态定位检定系统需具备的6个功能要素，围绕提高动态定位检定系统性能对摄影测量交会定位性能，以及高动态条件下的位置归心、时间同步、多节点摄影/惯导组合测量方法中的关键技术展开了详尽的研究。建立的GNSS动态定位性能检定系统主要组成及数据流程如图1.6所示。

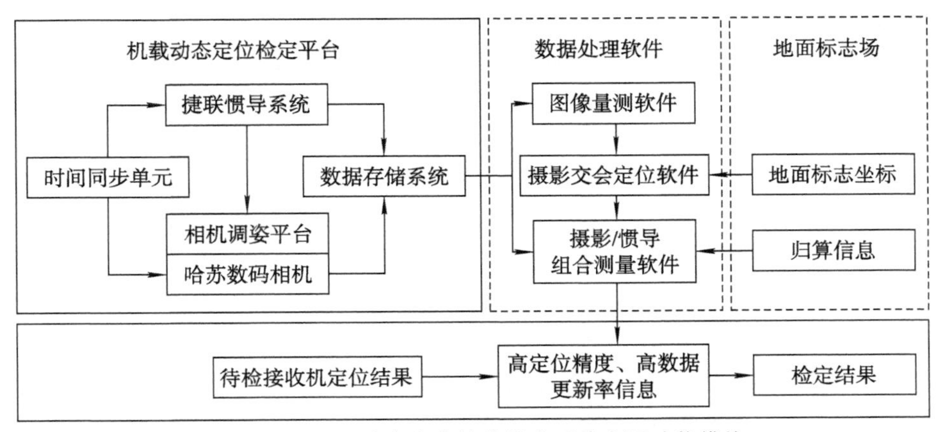

图1.6　GNSS动态定位性能检定系统主要功能模块

由于卫星导航系统的高定位精度、高数据更新率、高动态应用范围等特性，目前国际上尚未建立独立于卫星测量手段的卫星导航系统动态定位(三维)性能检定技术，本书采用了在工作模式、基本观测量上均与卫星导航定位方法不同的多节点摄影/惯导组合测量方法作为检定方法，将多个节点的位置信息代入捷联惯导误差方程，采用最小二乘算法对事后数据统一解算惯导误差参数，使动态检定节点间经修正的捷联惯导数据能保持均匀的高定位精度和高数据更新率，大大提高了摄影/惯导组合测量方法的定位精度。此外，还就高动态条件下多设备的位置归心、时间同步以及相机高精度标校等关键问题进行了详尽的研究与分析。

本书主要内容如下：

第1章，GNSS动态定位测试评估方法研究现状。主要阐述卫星导航系统动态定位性能检定工作的研究意义和国内外研究现状；对本书研究的主要内容和每章主要的内容进行介绍。

第2章，GNSS动态定位检定理论基础。主要介绍与卫星导航系统动态定位性能检定有关的基础理论知识，对用到的坐标系统和时间系统进行简要介绍；给出卫星导航伪距定位、摄影测量后方交会及捷联惯性导航系统的基本原理和误差模型。

第3章，GNSS动态定位检定系统设计。确定动态定位检定系统的指标评价方法及性能指标；为进行动态检定系统设计，提出动态定位检定系统需必备的6个功能；在分析不同载体动态特性、可行性的基础上，提出采用军用飞机作为动态定位检定载体，完成对选择载体飞行速度、飞行高度及地面标志场布设条件等的可行性调研、实地测量和数据分析工作；归纳总结选用摄影/惯导组合测量技术作为动态检定技术的原因；对动态定位检定系统进行总体设计和分系统功能设计，简要介绍各模块的主要功能和数据流程；设计多设备高动态条件下的位置归心、时间同步关键问题的解决方案。

第4章，面向动态定位检定的摄影测量关键技术研究。摄影测量交会定位精度对多节点摄影/惯导组合测量方法定位精度起决定作用，本章主要从如何提高低空摄影测量后方交会性能角度出发进行摄影测量性能选择、相机标校方案设计、摄影标志设计、图像量测软件编制，从定量、定性两个角度详细分析了影响摄影测量交会性能的因素；详细分析了标志图像椭圆偏心差、图像模糊、地面标志中心位置测定误差对摄影交会性能的影响；提出并实现相机投影中心精确测定的方法，一体化实现控制点标志图像中心量测、高精度相机标校与投影中心精确测定三项工作。

第5章，摄影测量交会定位性能验证试验。设计机载高动态摄影测量交会定位的主要工作流程；提出并实现两步法摄影物点、像点自动匹配方法，搭建机载摄影缩小比例测试场；在缩小比例测试场内分别进行基于漫反射标志和回光反射标志的静态摄影测量交会定位性能验证试验，推估实际检定条件下摄影交会测量所能够达到的定位性能。

第6章，多节点摄影/惯导组合测量技术研究。在分析捷联惯性导航系统误差方程基础上，利用差分代替微分的数值计算方法构建动态条件下的捷联惯导误差传播模型；提出区别于传统摄影/惯导组合导航的多节点摄影/惯导组合测量方法，对利用该方法的节点数量及节点分布情况进行研究；详细分析三种不同情况对多节点摄影/惯导组合定位性能的影响；开展多节点摄影/惯导组合测量车载试验，验证动态定位性能检定试验方案的可行性。

第 7 章，GNSS 动态定位检定系统性能验证方案设计。在介绍计量学中检定和溯源概念的基础上，简要设计静态、低动态、高动态条件下动态检定系统的性能验证方案；根据动态定位检定系统定位特性，对动态定位检定系统性能的拓展性进行分析。

第2章 GNSS 动态定位检定理论基础

通过将摄影测量、捷联惯性导航系统组合构建了卫星导航系统动态定位检定系统，GNSS 动态定位检定系统的建立涉及卫星导航、摄影测量、捷联惯性导航等系统的观测数据，高动态条件下多系统坐标、时间统一是数据处理的前提条件，并需要研究高动态条件下的位置归心和时间同步方案。本章主要介绍动态定位检定系统设计过程中涉及的基础理论知识，首先将用到的坐标系统、时间系统概念进行介绍，然后给出坐标系统之间的相互转换关系，再对用到的卫星导航、摄影测量后方交会、捷联惯导系统的基本知识进行介绍。

2.1 坐标系统

GNSS 动态定位检定系统处于高速运动状态，检定系统涉及卫星导航系统、摄影测量系统、惯性导航系统等多个系统，各系统输出的观测量和导航参数在不断变化，将各系统输出数据归算到统一空间基准下的同一位置是信息融合处理或者数据比较的前提。卫星导航系统输出位置以地心地固坐标系(ECEF)为参考，如北斗卫星导航系统的 2000 国家大地坐标系(CGCS 2000)；惯性导航系统参考惯性坐标系，导航参数一般表达在当地水平坐标系；摄影测量系统涉及物方坐标系、像平面坐标系和像空间坐标系等。

2.1.1 用到的坐标系统

GNSS 动态定位检定系统建立过程中涉及的主要坐标系(统)定义如下(吕志平 等，2005；张保明，2008；张宗麟，2000)：

(1)物方(空间)坐标系。物方(空间)坐标系也称全局坐标系或世界坐标系，本书中定义摄影物方点坐标 $P(X,Y,Z)$，一般选取物方控制点所在的测量坐标系(如全站仪或 GNSS 的测量坐标系统)来定义原点和坐标轴指向。

(2)像平面坐标系。用来表示像点在像平面上的位置，理想成像系统中像平面坐标系的原点与主点 o 重合，实际并不重合，像主点坐标可以通过相机标校得到。

(3)像空间坐标系(image space coordinate system，简称 c 系)。表示像点在像方空间的位置，原点为相机投影中心，x 轴、y 轴分别与像平面坐标系 x 轴、y 轴平行，z 轴与摄影光轴重合。

(4)惯性坐标系(inertial coordinate system，简称 i 系)。相对于惯性空间保持

静止的坐标系。地心惯性坐标系原点为地球质心，z 轴指向地球自转轴，x 轴指向春分点并且在地球赤道面内，按照右手直角坐标系法则定义 y 轴指向，惯性导航系统的观测量参考惯性坐标系。

(5)地球坐标系(earth coordinate system，简称 e 系)。相对于地球保持静止(坐标轴与地球固连)。书中会用到地心地固坐标系(简称地固系)，原点位于地球质心，x 轴指向赤道线和格林尼治子午线的交点，z 轴指向北极点，按右手直角坐标系法则定义 y 轴指向。

(6)CGCS2000 坐标系(简称 s 系)。CGCS2000 坐标系属于协议地球参考系，采用 CGCS2000 参考椭球，原点为地球质量中心，X 轴为国际地球自转服务局(IERS)定义的参考子午面(IRM)与通过原点且同 Z 轴正交赤道面的交线，Z 轴指向 IERS 定义的参考极(IRP)方向，Y 轴与 Z、X 轴构成右手地心地固直角坐标系，CGCS2000 的参考历元是 2000.0。北斗卫星导航系统采用的坐标基准为 CGCS2000 坐标系，本书中以 CGCS2000 坐标系为基准对北斗动态定位检定系统进行研究。

(7)WGS-84 坐标系。GPS 采用的坐标系属于地心地固系。坐标原点位于地球质心，Z 轴平行于指向 BIH 定义的国际协议原点 CIO，X 轴指向 WGS-84 参考子午面与平均天文赤道面的交点，其参考子午面平行于 BIH 定义的零子午面，Y 轴满足右手坐标系。

(8)PZ-90 坐标系。GLONASS 采用的坐标系属于地心地固系。坐标原点位于地球质心，Z 轴指向 IERS 所推荐的协议地级(1900 年至 1905 年间的平均北极位置点)，X 轴指向 BIH 所定义的零子午线的交点，Y 轴满足右手坐标系。

(9)当地水平坐标系(local level frame，简称 n 系)。地理坐标系的一种，原点通常采用载体的质心，z 轴指向沿当地垂线向下的方向(简称地向，本书公式中简写为 D)，y 轴指向地理东向(公式中简写为 E)，x 轴指向地理北向(公式中简写为 N)；另一种表示方法为东北天(ENU)，本书采用后者。导航参数通常在当地水平坐标系中表示，因此通常也把当地水平坐标系称为导航坐标系，简称为导航系。

(10)载体坐标系(body coordinate system，简称 b 系)。坐标轴与载体固定联结的坐标系，也可简称为载体系。其原点一般与当地水平坐标系原点重合，一般将原点选在惯导系统三坐标轴的中心。x 轴定义为载体的前向，y 轴定义为载体的右向，z 轴定义为向下方向，构成“前-右-下”右手坐标系。姿态观测量一般参考载体坐标系，三轴的轴向分别沿载体的俯仰轴、横滚轴和偏航轴。

(11)计算坐标系。为了便于研究人为引进的虚拟坐标系(属于地理坐标系)。利用计算所得的地理坐标作为原点(与载体的实际位置不一定一致)，三轴指向的理论定义方式与导航坐标系一致，但实际指向并不一致。对于惯性导航系统，导航坐标系与计算坐标系间三个轴向夹角就是失准角。

2.1.2　坐标系之间的转换关系

通过平移、旋转、缩放进行转换，可以完成对两个空间直角坐标系的转换。设空间坐标系 $O\text{-}XYZ$ 先平移(X_0,Y_0,Z_0)，再依次绕 X 轴、旋转后的 Y 轴和旋转后的 Z 轴旋转 φ、ω、κ，最后缩放 λ 倍，与坐标系 $o\text{-}xyz$ 重合，实际上是一个三维等角仿射变换。根据射影几何的相关知识得到向量方程

$$\lambda\left(\begin{bmatrix}X\\Y\\Z\end{bmatrix}-\begin{bmatrix}X_0\\Y_0\\Z_0\end{bmatrix}\right)=\boldsymbol{M}\begin{bmatrix}x\\y\\z\end{bmatrix} \tag{2.1}$$

式中，$\boldsymbol{M}$ 为旋转矩阵，可表示为

$$\boldsymbol{M}=\begin{bmatrix}a_1 & a_2 & a_3\\ b_1 & b_2 & b_3\\ c_1 & c_2 & c_3\end{bmatrix} \tag{2.2}$$

旋转矩阵 $\boldsymbol{M}$ 为正交矩阵，$\boldsymbol{M}$ 中的 9 个元素是 3 个独立的旋转角 ω、φ 和 κ 的函数，表示绕坐标轴旋转的角，也称为欧拉角。因为是绕连动轴的旋转，采用不同转角顺序时各元素值也不同，在坐标尺度一致和完成原点平移后，对于不同的两个坐标系之间的转换主要涉及旋转矩阵的表达。

1. 像空间坐标系与当地水平坐标系转换的旋转矩阵

在常规摄影测量中普遍采用的是 φ、ω、κ 转角顺序，第一次旋转绕 Y 轴转动 φ 角，第二次旋转绕第一次旋转后 X 轴转动 ω 角，最后绕第一、二和旋转后的 Z 轴转动 κ 角。相应的转换矩阵为

$$\boldsymbol{M}_c^n=\begin{bmatrix}\cos\varphi\cos k-\sin\varphi\sin\omega\sin\kappa & -\cos\varphi\sin\kappa-\sin\psi\sin\omega\cos k & -\sin\varphi\cos\omega\\ \cos\omega\sin\kappa & \cos\omega\cos k & -\sin\omega\\ \sin\varphi\cos k+\cos\varphi\sin\omega\sin\kappa & -\sin\varphi\sin\kappa+\cos\varphi\sin\omega\cos k & \cos\varphi\cos\omega\end{bmatrix} \tag{2.3}$$

式中，$\boldsymbol{M}_c^n$ 代表从 c 系到 n 系的旋转矩阵。其中，$\tan\omega=-b_3/c_3$，$\sin\varphi=a_3$，$\tan\kappa=-a_2/a_1$。

2. 当地水平坐标系与载体坐标系转换的旋转矩阵

令 ψ 为载体坐标系的航向姿态角，θ 为俯仰姿态角，γ 为横滚姿态角，则按照坐标旋转的方式来表示旋转关系为：当地水平坐标系绕 z 轴沿负向旋转 ψ 角，绕 x' 轴旋转 θ 角，再绕 y' 轴旋转 γ 角后与载体坐标系重合。相应的转换矩阵为

$$\boldsymbol{M}_n^b=\begin{bmatrix}\cos\gamma\cos\psi-\sin\gamma\sin\theta\sin\psi & \cos\gamma\sin\psi+\sin\gamma\sin\theta\cos\psi & -\sin\gamma\cos\theta\\ -\cos\theta\sin\psi & \cos\theta\cos\psi & \sin\theta\\ \cos\gamma\sin\psi+\sin\gamma\sin\theta\cos\psi & \sin\gamma\sin\psi-\cos\gamma\sin\theta\cos\psi & \cos\gamma\cos\theta\end{bmatrix} \tag{2.4}$$

3. 地球坐标系与当地水平坐标系之间的转换

当地水平坐标系相对于地球坐标系之间的旋转与载体的地理坐标相关，设载体质心点 P 的经度和纬度坐标分别为 λ 和 L，则 P 点处的当地水平坐标系可由地心地固坐标系经过三次旋转得到。相应的旋转矩阵为

$$\boldsymbol{M}_e^n=\begin{bmatrix}-\sin\lambda & \cos\lambda & 0\\ -\sin L\cos\lambda & -\sin L\sin\lambda & \cos L\\ \cos L\cos\lambda & \cos L\sin\lambda & \sin L\end{bmatrix}\tag{2.5}$$

4. 地球坐标系与惯性坐标系之间的转换

地心地固坐标系与地心惯性坐标系之间绕 z 轴以角速度 ω_{ie} 相对转动，相应的坐标转换矩阵为

$$\boldsymbol{M}_i^e=\begin{bmatrix}\cos\omega_{ie}t & \sin\omega_{ie}t & 0\\ -\sin\omega_{ie}t & \cos\omega_{ie}t & 0\\ 0 & 0 & 1\end{bmatrix}\tag{2.6}$$

式中，ω_{ie} 为地球自转角速率，以瞬时地心地固系与地心惯性系相重合时刻作为参考时刻，则 t 为从参考时刻开始所经过的时间。

2.2　时间系统

GNSS 动态定位检定系统处于高速运动状态，各系统输出的观测量和导航参数随时间在不断变化，均有瞬时性和不可重复性。各系统输出的观测量必须包含对应的时间信息，与统一空间基准的要求一样，输出数据归算到统一时间基准下的同一时刻是信息融合处理或数据比较的前提。北斗系统的时间基准为北斗时(BDT)，GPS 系统的时间基准为 GPS 时(GPST)，各卫星导航系统的时间基准均与协调世界时(UTC)有明确的转换关系，因此 GNSS 动态定位检定系统采用协调世界时作为时间基准。高动态条件下授时型接收机、嵌入式计算机、摄影相机、捷联惯导、待检测接收机之间的时间同步是数据融合的前提和难点，这部分将在 3.6 节详细说明，这里先介绍时间系统相关的基础知识。

2.2.1　北斗时

北斗卫星导航系统的时间基准，采用国际单位制秒为基本单位连续累计，不闰秒，用周加周内秒的方式计数，起始历元为 2006 年 1 月 1 日协调世界时(UTC) 0 时 0 分 0 秒，北斗时与 UTC 的偏差保持在 100 ns 以内(模 1 秒)。国际上现有卫星导航系统时间都通过与国家标准(地方标准)的比对链接(溯源)，实现与国际标准时间 UTC 的同步和统一。

2.2.2 GPS时

美国GPS系统的时间基准，以原子频率标准作为时间系统的基准，由GPS的地面监控系统和GPS卫星中的原子钟建立和维持的一种原子时。其起点是UTC时刻:1980年1月6日0时0分0秒。

2.2.3 GLONASS时

俄罗斯GLONASS系统的时间基准，采用俄罗斯维持的世界协调时UTC(SU)作为时间量度基准，UTC(SU)与UTC(BIMP)相差数微秒，后者是巴黎经度局的国际标准世界协调时。

2.2.4 国际原子时

原子时是基于原子的能量跃迁产生的电磁振荡定义的时间。1972年，国际时间局(BIH)将原子时间尺度用作全球标准时间，并命名为国际原子时(TAI)。国际原子时的时间单位定义为国际单位制秒，规定1958年1月1日世界时0时为时间起算点，由多台世界天文台的原子钟来共同维持，是一个连续并均匀变化的时间系统。

2.2.5 协调世界时

协调世界时为介于世界时与TAI间的一种均匀时，以TAI为基准，在时刻上进行调整，使协调世界时与UT1(经过极移改正的世界时)时刻之差不超过±0.9 s。协调世界时是国际通用的发播标准时间和标准频率的基本形式。

图2.1为各时间系统之间的转换关系。

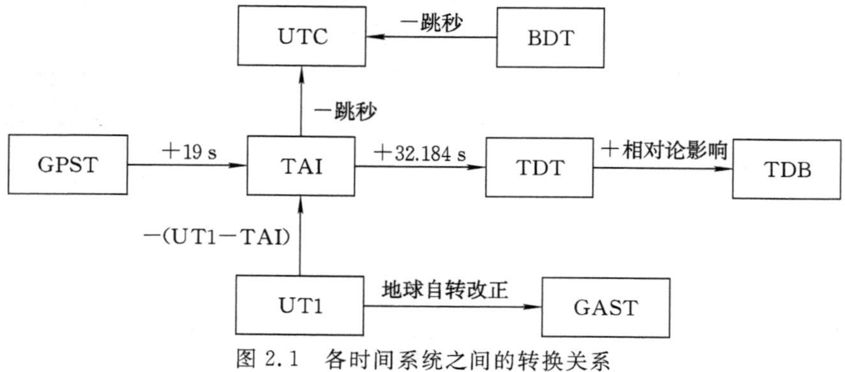

图2.1 各时间系统之间的转换关系

2.3　卫星导航定位观测方程

2.3.1　卫星导航定位基本观测方程

卫星导航伪距定位基本观测方程可以表示为

$$\tilde{\rho}_i^j(t)=\rho_i^j(t)+c\delta t_i-c\delta t^j+\Delta_{i,Ig}^j(t)+\Delta_{i,T}^j(t) \tag{2.7}$$

式中，下标 i 代表接收机，上标 j 代表卫星，c 表示光速，$\tilde{\rho}_i^j(t)$ 表示 t 时刻 i 接收机与 j 卫星之间的伪距观测值，$\rho_i^j(t)$ 表示 t 时刻 i 接收机与 j 卫星之间的几何距离，δt_i 表示接收机钟差，δt^j 表示卫星钟差，$\Delta_{i,Ig}^j(t)$ 表示 t 时刻 i 接收机与 j 卫星之间传播路径上的电离层延迟，$\Delta_{i,T}^j(t)$ 表示卫星至接收机传播路径上的对流层延迟。

令卫星在 t 时刻的位置矢量 $\boldsymbol{X}^j(t)=[X^j(t)\quad Y^j(t)\quad Z^j(t)]^{\mathrm{T}}$，测站在同一坐标系的位置矢量 $\boldsymbol{X}_i=[X_i\quad Y_i\quad Z_i]^{\mathrm{T}}$，则 t 时刻 i 接收机与 j 卫星之间的几何距离为

$$\rho_i^j(t)=|\boldsymbol{X}^j(t)-\boldsymbol{X}_i|=\sqrt{(X^j(t)-X_i)^2+(Y^j(t)-Y_i)^2+(Z^j(t)-Z_i)^2} \tag{2.8}$$

基本观测方程中卫星位置和卫星钟差可以从导航电文计算得到，电离层延迟和对流层延迟则用接收机内置的改正模型进行改正，伪距观测值可以利用伪随机码测距原理计算得到，只有接收机位置 (X_i,Y_i,Z_i) 和接收机钟差 δt_i 为未知量。因此，必须至少同时观测4颗或4颗以上的卫星才能解算得到接收机的三维位置，当可观测卫星多于4颗时，采用最小二乘原理获得优化解(许其凤，2001)。

由式(2.7)和式(2.8)可知，卫星导航定位性能主要受卫星星历误差、电离层延迟、对流层延迟影响，除此之外，还受到可观测卫星PDOP值、卫星钟差改正、相对论效应改正、太阳光压摄动改正等因素的影响，具体可见相关参考文献(刘基余，2003；周忠谟 等，2004；寇艳红，2007)。

2.3.2　卫星导航动态定位模型

卫星导航接收机的动态定位数据算法有最小二乘法、卡尔曼滤波(Kalman filtering，KF)等方法。最小二乘法模型简单且不需要了解接收机运动特征，使用静态函数模型。卡尔曼滤波通常假设载体在采样区段内维持匀速或匀加速状态。经典卡尔曼滤波将预报误差作为白噪声，通过动态噪声协方差矩阵 $\boldsymbol{\Sigma}_{w_k}$ 控制其对当时数据的影响(Chatfield，2015；付梦印 等，2003)。如果预报误差较大，$\boldsymbol{\Sigma}_{w_k}$ 的取值相应增大。$\boldsymbol{\Sigma}_{w_k}$ 变为无穷大时卡尔曼滤波将彻底忽略预报的信息，等同于最小二乘方法；$\boldsymbol{\Sigma}_{w_k}$ 变为零时，卡尔曼滤波将彻底接收预报的信息，等同于加权最小二

乘法。所以，在卡尔曼滤波中，$\boldsymbol{\Sigma}_{w_k}$ 的取值直接影响卡尔曼滤波估值的精度。$\boldsymbol{\Sigma}_{w_k}$ 应当真实地反映预报信息的误差，过大会降低预报信息的作用；太小会夸大预报信息的精度，并减小当前历元信息的作用，甚至能引起滤波发散(高为广，2005)。

卡尔曼滤波引入了状态空间的概念，利用系统状态转移方程在前一时刻的状态估值以及当前时刻的观测值，进而估计新的状态估值。普通的卡尔曼滤波方程组为

状态方程

$$\boldsymbol{X}_k = \boldsymbol{\phi}_{k,k-1}\boldsymbol{X}_{k-1} + \boldsymbol{\Gamma}_{k-1}\boldsymbol{W}_{k-1} \tag{2.9}$$

观测方程

$$\boldsymbol{Z}_k = \boldsymbol{H}_k\boldsymbol{X}_k + \boldsymbol{v}_k \tag{2.10}$$

状态预测估计方程

$$\hat{\boldsymbol{X}}_{k/k-1} = \boldsymbol{\phi}_{k,k-1}\hat{\boldsymbol{X}}_{k-1} \tag{2.11}$$

方差预测方程

$$\boldsymbol{P}_{k/k-1} = \boldsymbol{\phi}_{k,k-1}\boldsymbol{P}_{k-1}\boldsymbol{\phi}_{k,k-1}^{\mathrm{T}} + \boldsymbol{\Gamma}_{k-1}\boldsymbol{Q}_{k-1}\boldsymbol{\Gamma}_{k-1}^{\mathrm{T}} \tag{2.12}$$

状态预测估计方程

$$\boldsymbol{X}_k = \boldsymbol{X}_{k/k-1} + \boldsymbol{K}_k(\boldsymbol{Z}_k - \boldsymbol{H}_k\boldsymbol{X}_{k/k-1}) \tag{2.13}$$

方差迭代方程

$$\boldsymbol{P}_k = (\boldsymbol{I} - \boldsymbol{K}_k\boldsymbol{H}_k)\boldsymbol{P}_{k/k-1} \tag{2.14}$$

滤波增益方程

$$\boldsymbol{K}_k = \boldsymbol{P}_{k/k-1}\boldsymbol{H}^{\mathrm{T}}(\boldsymbol{H}_k\boldsymbol{P}_{k/k-1}\boldsymbol{H}_k^{\mathrm{T}} + \boldsymbol{R}_k)^{-1} \tag{2.15}$$

初始条件

$$\left.\begin{aligned} &\hat{X}_0 = E[X_0] \\ &\mathrm{var}(\hat{X}_0) = \mathrm{var}(X_0) = P_0 \end{aligned}\right\} \tag{2.16}$$

验前统计量

$$E\{\boldsymbol{W}_k\} = 0,\ \mathrm{cov}(\boldsymbol{W}_k, \boldsymbol{W}_j) = \boldsymbol{Q}_k\delta_{kj};$$

$$E\{\boldsymbol{V}_k\} = 0,\ \mathrm{cov}(\boldsymbol{V}_k, \boldsymbol{V}_j) = \boldsymbol{R}_k\delta_{kj},\ \mathrm{cov}(\boldsymbol{W}_k, \boldsymbol{V}_j) = 0$$

$$\delta_{kj} = \begin{cases} 1 & 当\ k = j \\ 0 & 当\ k \neq j \end{cases} \tag{2.17}$$

$\boldsymbol{\phi}$ 是状态转移矩阵，$\boldsymbol{X}$ 是参数状态向量，可表示为

$$\boldsymbol{X} = [x \quad y \quad z \quad \dot{x} \quad \dot{y} \quad \dot{z} \quad \delta T^g]^{\mathrm{T}} \tag{2.18}$$

式中，x、y、z 分别为动态接收机天线在卫星导航系统坐标系中的坐标，$\dot{x}$、$\dot{y}$、$\dot{z}$ 分别为动态接收机天线在卫星导航系统坐标系中的速度，δT^g 为接收机钟差。

在实际测量中，由于运动载体会经常突然加减速或拐弯等导致载体运动状态突然变化，会使这个假设与实际情况产生偏差，所以卡尔曼滤波的预报信息存在误

差，且采样间隔越大其误差越大。国内研究人员提出将抗差估计以及状态协方差矩阵膨胀模型结合的方法，这种方法叫作抗差自适应滤波方法（杨元喜，2006）。当历元抗差解 $\widetilde{\boldsymbol{X}}_k$ 与状态预报值 $\hat{\boldsymbol{X}}_{k/k-1}$ 差距很大时，可将 $\boldsymbol{P}_{k/k-1}$ 变为 $\alpha\boldsymbol{P}_{k/k-1}(\alpha > 1)$，即

$$\widetilde{\boldsymbol{P}}_{k/k-1} = \alpha\boldsymbol{P}_{k/k-1} \tag{2.19}$$

$$\alpha = \begin{cases} 1 & \text{当 } \Delta X_k \leqslant C \\ \dfrac{\Delta X_k}{C} & \text{当 } \Delta X_k > C \end{cases} \tag{2.20}$$

根据实验结果，式中 C 的取值范围为 2.0 ～ 4.5。

$$\Delta\boldsymbol{X}_k = \| \widetilde{\boldsymbol{X}}_k - \boldsymbol{X}_{k,k-1} \| / \sqrt{\mathrm{tr}(\boldsymbol{P}_{k,k-1})} \tag{2.21}$$

基于上述分析，如果是对于卫星导航系统动态定位性能的评价，应对卫星导航系统接收机输出的伪距信息进行直接处理。对卫星导航接收机的动态定位性能评价则应考虑接收机动态数据处理软件等条件，可直接利用导航接收机输出的位置信息。

2.4　摄影测量基本数学模型

数码相机主要由成像系统、取景系统、控制系统、输出系统等组成，核心部件为图像传感器、微处理器单元（MPU）或数字信号处理（DSP）器、A/D 模数转换器等（王东，2003）。固体图像传感器根据光敏元件可分为电荷耦合器件（CCD）、互补金属氧化物半导体（CMOS）和电荷注入器件（CID）等。目前，CCD 传感器高动态性能较好，CMOS 发展也很快。CCD 图像传感器有线阵结构和面阵结构两类，其中以面阵 CCD 在数字摄影测量中使用最为广泛，动态检定系统进行单张像片后方交会摄影定位的相机采用了哈苏 H4D-60 相机，其采用面阵 CCD 图像传感器，地面摄影前方交会系统采用尼康 D800 相机，采用了 CMOS 图像传感器。

如图 2.2 所示，摄影镜头一般由若干“组”共轴且相互有间隙的透镜构成，每个镜头一般由多片透镜胶合而成，组成摄影物镜后的各片透镜共同起会聚作用（毛澍芬 等，1985；郁道银 等，2001；沙占祥，2004）。图 2.3 为双高斯摄影物镜设计原理。哈苏 HC3.5/35 mm 镜头由 10 组 11 片透镜组成。

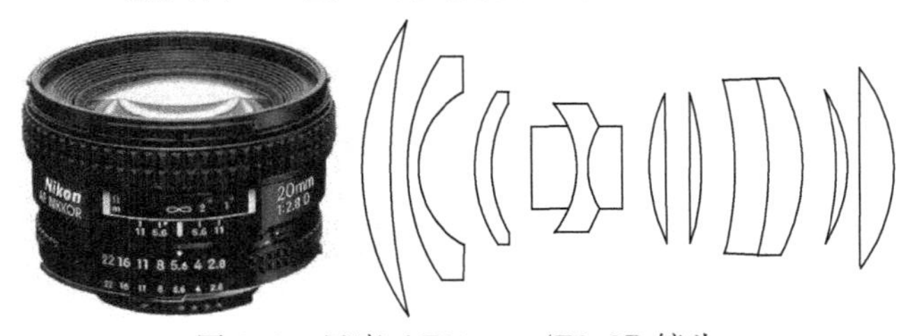

图 2.2　尼康 AF20 mm/F2.8D 镜头

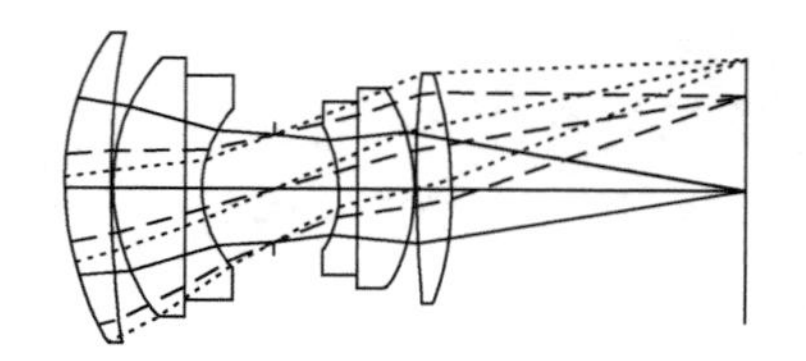
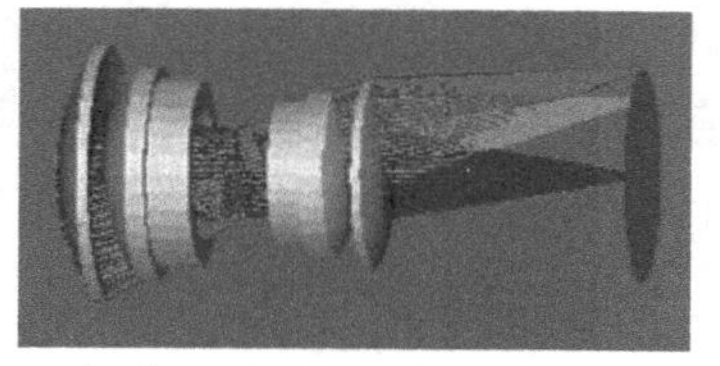

图 2.3　双高斯摄影物镜设计

2.4.1　针孔成像与中心投影

如图 2.4 所示，S 为相机投影中心，物方点 P 通过投影中心在像平面上成像 p，o 为像主点，摄影光轴 So 与像平面相互垂直。被摄物体到物镜前节点距离称作物距，从物镜后节点至像平面距离称作像距。在近距离摄影测量中，摄影物镜成像，像点通常在焦点的后面，主距一般长于焦距，如图 2.5 所示。本书摄影距离为 200 m，可认为成像位置在透镜像方焦平面上，焦距近似等于主距，在相机标校中把标称焦距值当作主距的近似值代入进行处理。

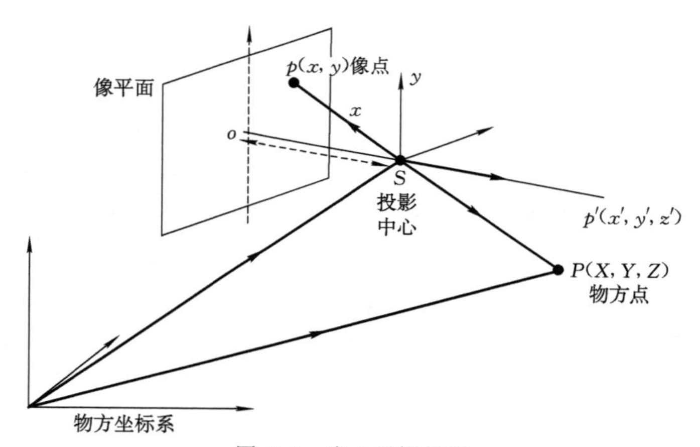

图 2.4　中心透视投影

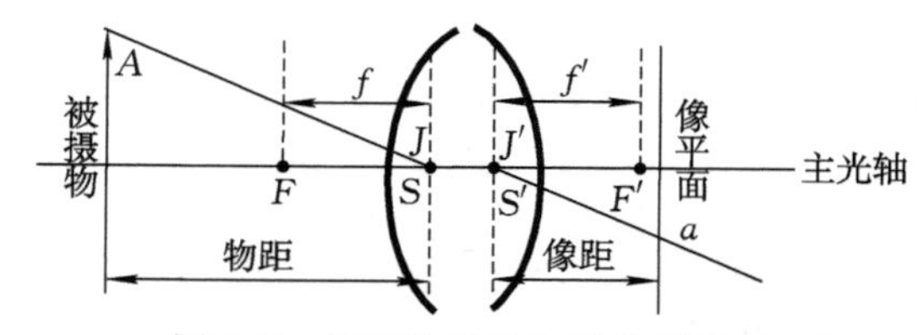

图 2.5　摄影物镜的物像位置关系

2.4.2　基于共线条件方程的摄影测量数学模型

共线条件方程式以摄影时物方点 $P(X,Y,Z)$、投影中心点 $S(X_S,Y_S,Z_S,\varphi,$

ω,κ）以及相应的像点 $p(x,y)$ 三点共线关系为基础（图 2.6），它建立了像点、物方点、内方位元素和外方位元素之间的关系，将每根构像光线作为处理单位，为摄影测量中最重要的解析关系式（冯文灏，2002）。$S(X_S,Y_S,Z_S,\varphi,\omega,\kappa)$ 可以确定一张像片及其投影中心（摄站）在物方坐标系中的位置和方位，称为像片的外方位元素。

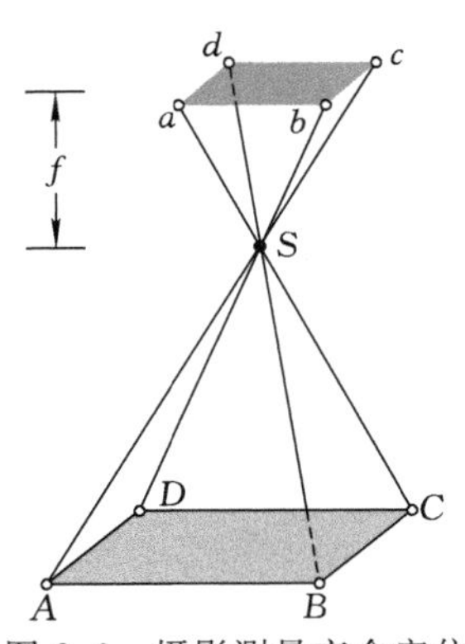

图 2.6 摄影测量交会定位

在已知摄站外方位元素中心点 $S(X_S,Y_S,Z_S,\varphi,\omega,\kappa)$ 和物方点坐标 $P(X,Y,Z)$ 时可以求取对应的像点坐标 $p(x,y)$，本书中用于摄影解算仿真试验中无误差像点坐标的求取，像点坐标可推导公式为

$$\left.\begin{aligned} x &= -f\,\frac{a_1(X-X_S)+b_1(Y-Y_S)+c_1(Z-Z_S)}{a_3(X-X_S)+b_3(Y-Y_S)+c_3(Z-Z_S)} \\ y &= -f\,\frac{a_2(X-X_S)+b_2(Y-Y_S)+c_2(Z-Z_S)}{a_3(X-X_S)+b_3(Y-Y_S)+c_3(Z-Z_S)} \end{aligned}\right\} \tag{2.22}$$

若像片内方位元素中像主点在像平面坐标系中的坐标 (x_0,y_0) 不等于 0，即像主点与像片中心不重合时，公式为

$$\left.\begin{aligned} x &= x_0-f\,\frac{a_1(X-X_S)+b_1(Y-Y_S)+c_1(Z-Z_S)}{a_3(X-X_S)+b_3(Y-Y_S)+c_3(Z-Z_S)} \\ y &= y_0-f\,\frac{a_2(X-X_S)+b_2(Y-Y_S)+c_2(Z-Z_S)}{a_3(X-X_S)+b_3(Y-Y_S)+c_3(Z-Z_S)} \end{aligned}\right\} \tag{2.23}$$

用三个外方位角元素表达旋转矩阵中的各方向余弦为

$$\left.\begin{aligned} a_1 &= \cos\varphi\cos\kappa-\sin\varphi\sin\omega\sin\kappa \\ a_2 &= -\cos\varphi\sin\kappa-\sin\varphi\sin\omega\cos\kappa \\ a_3 &= -\sin\varphi\cos\omega \\ b_1 &= \cos\omega\sin\kappa \\ b_2 &= \cos\omega\cos\kappa \\ b_3 &= -\sin\omega \\ c_1 &= \sin\varphi\cos\kappa+\cos\varphi\sin\omega\sin\kappa \\ c_2 &= -\sin\varphi\sin\kappa+\cos\varphi\sin\omega\cos\kappa \\ c_3 &= \cos\alpha_x\cos\omega \end{aligned}\right\} \tag{2.24}$$

摄站外方位元素平差解法数学模型通过欧拉角描述摄站姿态，需要较高精度的外方位元素初值，否则迭代运算时将不收敛，尤其是当姿态角较大时往往由于传统方式难以获得良好的外方位元素。基于此，四元数解法目前得到越来越多的重

视。四元数为 $\dot{q}=q_0+\mathrm{i}q_1+\mathrm{j}q_2+\mathrm{k}q_3$ 的超复数，(i,j,k) 是虚数单位，满足 $\mathrm{i}^2=\mathrm{j}^2=\mathrm{k}^2=-1,\mathrm{jk}=-\mathrm{kj}=\mathrm{i},\mathrm{ki}=-\mathrm{ik}=\mathrm{j},\mathrm{j}=-\mathrm{ji}=\mathrm{k}$。四元数的运算规则可参见相关文献（王勇，2007；江刚武，2009）。利用四元数表达的旋转矩阵为

$$\boldsymbol{M}=\begin{bmatrix}a_1 & b_1 & c_1\\ a_2 & b_2 & c_2\\ a_3 & b_3 & c_3\end{bmatrix}=\begin{bmatrix}q_0^2+q_1^2-q_2^2-q_3^2 & 2(q_1q_2-q_0q_3) & 2(q_1q_3+q_0q_2)\\ 2(q_2q_1+q_0q_3) & q_0^2-q_1^2+q_2^2-q_3^2 & 2(q_2q_3-q_0q_2)\\ 2(q_3q_1-q_0q_2) & 2(q_2q_3+q_0q_1) & q_0^2-q_1^2-q_2^2+q_3^2\end{bmatrix} \tag{2.25}$$

利用旋转矩阵描述可求取欧拉角为

$$\left.\begin{aligned}\varphi&=\arctan(-M_{13}/M_{33})\\ \omega&=\arcsin(-M_{23})\\ \kappa&=\arctan(M_{21}/M_{22})\end{aligned}\right\} \tag{2.26}$$

共线条件方程式(2.23)是非线性函数，需对其进行线性化，设定

$$\left.\begin{aligned}\overline{X}&=a_1(X-X_S)+b_1(Y-Y_S)+c_1(Z-Z_S)\\ \overline{Y}&=a_2(X-X_S)+b_2(Y-Y_S)+c_2(Z-Z_S)\\ \overline{Z}&=a_3(X-X_S)+b_3(Y-Y_S)+c_3(Z-Z_S)\end{aligned}\right\} \tag{2.27}$$

则共线方程变为

$$\left.\begin{aligned}x&=-f\,\frac{\overline{X}}{\overline{Z}}\\ y&=-f\,\frac{\overline{Y}}{\overline{Z}}\end{aligned}\right\} \tag{2.28}$$

由 6 个外方位元素初值计算得到的像坐标为

$$\left.\begin{aligned}x_{计}&=-f\,\frac{\overline{X}}{\overline{Z}}\\ y_{计}&=-f\,\frac{\overline{Y}}{\overline{Z}}\end{aligned}\right\} \tag{2.29}$$

利用泰勒级数展开，并且只保留一次项得到

$$\left.\begin{aligned}x-x_{计}&=\frac{\partial x}{\partial X_S}\mathrm{d}X_S+\frac{\partial x}{\partial Y_S}\mathrm{d}Y_S+\frac{\partial x}{\partial Z_S}\mathrm{d}Z_S+\frac{\partial x}{\partial \varphi}\mathrm{d}\varphi+\frac{\partial x}{\partial \omega}\mathrm{d}\omega+\frac{\partial x}{\partial \kappa}\mathrm{d}\kappa\\ y-y_{计}&=\frac{\partial y}{\partial X_S}\mathrm{d}X_S+\frac{\partial y}{\partial Y_S}\mathrm{d}Y_S+\frac{\partial y}{\partial Z_S}\mathrm{d}Z_S+\frac{\partial y}{\partial \varphi}\mathrm{d}\varphi+\frac{\partial y}{\partial \omega}\mathrm{d}\omega+\frac{\partial y}{\partial \kappa}\mathrm{d}\kappa\end{aligned}\right\} \tag{2.30}$$

其中

$$\left.\begin{aligned}
c_{11} &= \frac{\partial x}{\partial X_S} = \frac{1}{\bar{Z}}[a_1 f + a_3 x] \\
c_{12} &= \frac{\partial x}{\partial Y_S} = \frac{1}{\bar{Z}}[b_1 f + b_3 x] \\
c_{13} &= \frac{\partial x}{\partial Z_S} = \frac{1}{\bar{Z}}[c_1 f + c_3 x] \\
c_{14} &= \frac{\partial x}{\partial \varphi} = y\sin w - \left[\frac{x}{f}(x\cos k - y\sin k) + f\cos k\right]\cos w \\
c_{15} &= \frac{\partial x}{\partial w} = -f\sin k - \frac{x}{f}(x\sin k + y\cos k) \\
c_{16} &= y
\end{aligned}\right\} \tag{2.31}$$

$$\left.\begin{aligned}
c_{21} &= \frac{\partial y}{\partial X_S} = \frac{1}{\bar{Z}}[a_2 f + a_3 y] \\
c_{22} &= \frac{\partial y}{\partial Y_S} = \frac{1}{\bar{Z}}[b_2 f + b_3 y] \\
c_{23} &= \frac{\partial y}{\partial Z_S} = \frac{1}{\bar{Z}}[c_2 f + c_3 y] \\
c_{24} &= \frac{\partial y}{\partial \varphi} = -x\sin w - \left[\frac{x}{f}(x\cos k - y\sin k) + f\sin k\right]\cos w \\
c_{25} &= \frac{\partial y}{\partial w} = -f\cos k - \frac{y}{f}(x\sin k + y\cos k) \\
c_{26} &= -x
\end{aligned}\right\} \tag{2.32}$$

转换为误差方程，得

$$\left.\begin{aligned}
v_x &= C_{11}\mathrm{d}X_S + C_{12}\mathrm{d}Y_S + C_{13}\mathrm{d}Z_S + C_{14}\mathrm{d}\varphi + C_{15}\mathrm{d}\omega + C_{16}\mathrm{d}\kappa - l_x \\
v_y &= C_{21}\mathrm{d}X_S + C_{22}\mathrm{d}Y_S + C_{23}\mathrm{d}Z_S + C_{24}\mathrm{d}\varphi + C_{25}\mathrm{d}\omega + C_{26}\mathrm{d}\kappa - l_y \\
l_x &= x - x_{计} \\
l_x &= y - y_{计}
\end{aligned}\right\} \tag{2.33}$$

可组误差方程式，得

$$\left.\begin{aligned}
&\boldsymbol{C\Delta} - \boldsymbol{L} = \boldsymbol{V} \\
&\boldsymbol{C} = \begin{bmatrix} C_{11} & C_{12} & C_{13} & C_{14} & C_{15} & C_{16} \\ C_{21} & C_{22} & C_{23} & C_{24} & C_{25} & C_{26} \end{bmatrix} \\
&\boldsymbol{\Delta}' = [\mathrm{d}X_S \quad \mathrm{d}Y_S \quad \mathrm{d}Z_S \quad \mathrm{d}\varphi \quad \mathrm{d}\omega \quad \mathrm{d}\kappa] \\
&\boldsymbol{L}' = [l_x \quad l_y]
\end{aligned}\right\} \tag{2.34}$$

构建法方程 $\boldsymbol{C}'\boldsymbol{C\Delta} - \boldsymbol{C}'\boldsymbol{L} = 0$。求解法方程，解算外方位元素改正数为

$$\left.\begin{array}{l} X_S^{k+1}=X_S^k+X_S^{k+1} \\ Y_S^{k+1}=Y_S^k+Y_S^{k+1} \\ Z_S^{k+1}=Z_S^k+Z_S^{k+1} \\ \varphi^{k+1}=\varphi^k+\mathrm{d}\varphi^{k+1} \\ \omega^{k+1}=\omega^k+\mathrm{d}\omega^{k+1} \\ \kappa^{k+1}=\kappa^k+\mathrm{d}\kappa^{k+1} \end{array}\right\} \tag{2.35}$$

$\boldsymbol{\Delta}=(\boldsymbol{C}'\boldsymbol{C})^{-1}\boldsymbol{C}'\boldsymbol{L}$，当值小于 10^{-5} 时，停止迭代计算。

单像空间后方交会程序计算过程如下（张保明，2008）：

（1）确定外方位元素的初值（X_S^0、Y_S^0、Z_S^0、φ^0、ω^0、κ^0）。在近似垂直摄影情况下，各个初值可按如下方法确定，即

$$X_S^0=\frac{1}{n}\sum_{i=1}^{n}X_i,\ Y_S^0=\frac{1}{n}\sum_{i=1}^{n}Y_i,\ Z_S^0=H=mf,\ \varphi^0=\omega^0=\kappa^0=0$$

（2）计算各个方向余弦，组成旋转矩阵 $\boldsymbol{R}$。

（3）逐点计算像点坐标值（$x_{i计}$，$y_{i计}$），即逐点进行组建误差方程式。

（4）计算法方程式系数矩阵 $\boldsymbol{A}^{\mathrm{T}}\boldsymbol{A}$ 与常数矩阵 $\boldsymbol{A}^{\mathrm{T}}\boldsymbol{L}$，可以组成法方程式。

（5）解各个外方位元素的增量（或改正数），并与相应初值求和，得到外方位元素的新初值。

（6）检查计算是否收敛。把求得的外方位元素改正数与设置的限差比对，当三个角改正数都小于限差时，迭代结束；否则，用新的初值重复迭代计算。

（7）用计算得到的外方位元素和真实值进行比较，得到外方位元素精度结果。

按共线条件建立的各种数学模型，没有考虑实际情况与理想情况的差异，是一种理想数学模型，没有考虑各项误差的影响（冯文灏，2010；张建霞，2006），但它构成了解析摄影测量的基础。本书主要利用基于共线条件方程的单像空间后方交会方法解算摄站外方位元素。此外还用于摄影仿真试验中像点坐标的模拟，解算摄站坐标和已知地面标志点坐标反算像点坐标，与提取像点坐标比对作为地面标志点坐标粗差判断的依据。利用四元数法描述旋转矩阵是近年来在航天交会对接等场合开始应用的摄影测量方法，可以摆脱对摄站参数初值的依赖，并能保持较高的解算精度。如果动态检定载体出现姿态角较大情况时，摄站外方位元素初值并不一定保证较高的精度，因此本书在摄影测量后方交会求取外方位元素初值时便利用了四元数的方法。

2.5 捷联惯性导航系统基本原理

捷联惯性导航系统（SINS）也简称捷联惯导，该系统将陀螺仪和加速度计与载体固联起来，其基本原理如图 2.7 所示。陀螺仪可以测量载体坐标系相对于惯性

坐标系的角速度$\boldsymbol{\omega}_{ib}^{b}$,加速度计可以测量载体坐标系下的比力$\boldsymbol{f}^{b}$。通过当地地理坐标能够计算出导航坐标系相对于惯性坐标系的角速度$\boldsymbol{\omega}_{in}^{b}$,加上陀螺仪观测量能够得到载体坐标系相对于导航坐标系的角速度$\boldsymbol{\omega}_{nb}^{b}$,在已知初始姿态的条件下可以得到载体的姿态矩阵。通过姿态矩阵,能够把加速度计观测量转换到导航坐标系,如果初始位置和速度已知时,能够利用积分运算得到载体在导航坐标系中的位置与速度。由姿态矩阵能够算得载体的姿态角(秦永元,2005)。

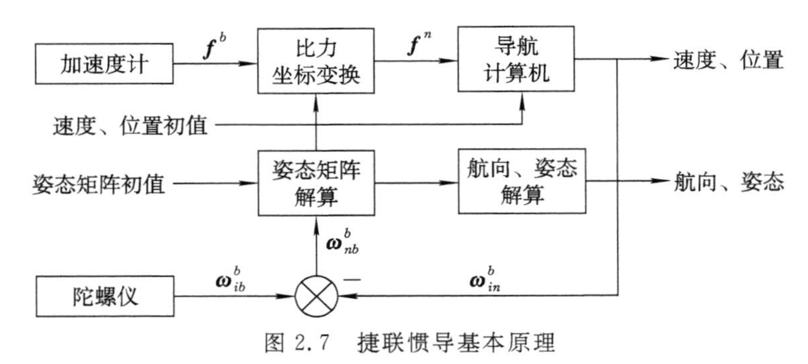

图2.7 捷联惯导基本原理

捷联惯性导航系统能够通过推算的方式进行导航计算,有姿态更新算法、速度更新算法与位置更新算法等。

2.5.1 捷联惯导姿态更新算法

捷联惯导的姿态微分方程为

$$\dot{\boldsymbol{C}}_b^n = \boldsymbol{C}_b^n(\boldsymbol{\omega}_{ib}^{b}\times) - (\boldsymbol{\omega}_{in}^{n}\times)\boldsymbol{C}_b^n \tag{2.36}$$

式中,$(\boldsymbol{\omega}_{ib}^{b}\times)$表示为$\boldsymbol{\omega}_{ib}^{b}$的斜对称矩阵,$\boldsymbol{\omega}_{ib}^{b}$是陀螺仪测得的载体坐标系相对于惯性坐标系运动时的角速度,$(\boldsymbol{\omega}_{in}^{n}\times)$表示为$\boldsymbol{\omega}_{in}^{n}$的斜对称矩阵,$\boldsymbol{\omega}_{in}^{n}$是陀螺仪测得的导航坐标系相对于惯性坐标系运动时的角速度,表示为

$$\left.\begin{aligned}
\boldsymbol{\omega}_{in}^{n} &= \boldsymbol{\omega}_{ie}^{n} + \boldsymbol{\omega}_{en}^{n}\\
\boldsymbol{\omega}_{ie}^{n} &= [0 \quad \omega_{ie}\cos L \quad \omega_{ie}\sin L]^{\mathrm{T}}\\
\boldsymbol{\omega}_{en}^{n} &= \left[-\frac{V_{\mathrm{N}}^{n}}{R_M+h} \quad \frac{V_{\mathrm{E}}^{n}}{R_N+h} \quad \frac{V_{\mathrm{E}}^{n}}{R_N+h}\tan L\right]^{\mathrm{T}}
\end{aligned}\right\} \tag{2.37}$$

式中,R_M、R_N是载体所在位置的子午圈曲率半径与卯酉圈曲率半径,可按照下式进行计算,即

$$\left.\begin{aligned}
R_M &= R_e(1-e^2)(1-e^2\sin^2 L)^{-\frac{3}{2}}\\
R_N &= R_e(1-e^2\sin^2 L)^{-\frac{1}{2}}
\end{aligned}\right\} \tag{2.38}$$

式中,R_e是地球的平均半径,e是地心偏心率。将式(2.36)利用四元数形式表示为

$$\dot{\boldsymbol{Q}}_b^n = \frac{1}{2}\boldsymbol{Q}_b^n \otimes \boldsymbol{\omega}_{nb}^b = \frac{1}{2}\boldsymbol{Q}_b^n \otimes \boldsymbol{\omega}_{ib}^b - \frac{1}{2}\boldsymbol{\omega}_{in}^b \otimes \boldsymbol{Q}_b^n \tag{2.39}$$

令捷联惯导的姿态更新周期 $T_k = t_{k+1} - t_k$，把姿态更新方程换为离散递推形式为

$$\boldsymbol{Q}_b^n(t_{k+1}) = \boldsymbol{Q}_b^n(t_k) \otimes \boldsymbol{q}_b^n(T_k) \tag{2.40}$$

式中，$\boldsymbol{q}_b^n(T_k)$ 是$[t_k, t_{k+1}]$ 时间段姿态变化的四元数。因为四元数更新算法有不可交换误差，设定 $\boldsymbol{\Phi}$ 是与四元数相对的等效旋转矢量，则利用等效旋转矢量表达式(2.40)为

$$\boldsymbol{q}_b^n(T_k) = \cos\frac{|\boldsymbol{\Phi}|}{2} + \frac{\boldsymbol{\Phi}}{|\boldsymbol{\Phi}|}\sin\frac{|\boldsymbol{\Phi}|}{2} \tag{2.41}$$

式中，$|\boldsymbol{\Phi}|$ 是等效旋转矢量的模。由 Bortz 方程的知识，能够利用等效旋转矢量表达姿态微分方程(Bortz,1971)为

$$\dot{\boldsymbol{\Phi}} = \boldsymbol{\omega}_{nb}^b + \frac{1}{2}\boldsymbol{\Phi} \times \boldsymbol{\omega}_{nb}^b + \frac{1}{12}\boldsymbol{\Phi} \times (\boldsymbol{\Phi} \times \boldsymbol{\omega}_{nb}^b) \tag{2.42}$$

对于中高精度级别的捷联惯导，陀螺仪的输出一般是角增量。通过角增量 $\Delta\boldsymbol{\theta}$ 拟合$\boldsymbol{\omega}_{ib}^b$ 的方法有多种，这里只列出等效旋转矢量优化三子样的算法(Savage, 2006)为

$$\boldsymbol{\Phi}(T_k) = \Delta\boldsymbol{\theta}_1 + \Delta\boldsymbol{\theta}_2 + \Delta\boldsymbol{\theta}_3 + \frac{9}{20}(\Delta\boldsymbol{\theta}_1 \times \Delta\boldsymbol{\theta}_3) + \frac{27}{40}\Delta\boldsymbol{\theta}_2 \times (\Delta\boldsymbol{\theta}_3 - \Delta\boldsymbol{\theta}_1) \tag{2.43}$$

式中，$\Delta\boldsymbol{\theta}_1$、$\Delta\boldsymbol{\theta}_2$、$\Delta\boldsymbol{\theta}_3$ 分别是一个更新周期里 $\left[t_k, t_k + \frac{T_k}{3}\right]$、$\left[t_k + \frac{T_k}{3}, t_k + \frac{2T_k}{3}\right]$、$\left[t_k + \frac{2T_k}{3}, t_{k+1}\right]$ 三个相等时间间隔的角增量。

利用角增量方式能够解算等效旋转矢量，通过等效旋转矢量更新四元数能够进行捷联惯导姿态数据的更新(Aiaa, 2004;Yu et al,2004;Savage,1998,2006)。

2.5.2 捷联惯导速度更新算法

捷联惯导的速度微分方程为

$$\dot{\boldsymbol{V}}^n = \boldsymbol{C}_b^n \boldsymbol{f}^b - (2\boldsymbol{\omega}_{ie}^n + \boldsymbol{\omega}_{en}^n) \times \boldsymbol{V}^n + \boldsymbol{g}^n \tag{2.44}$$

式中，$\boldsymbol{f}^b$ 为加速度计比力观测量，$\boldsymbol{g}^n = [0 \quad 0 \quad -(\gamma_h + \Delta g)]^{\mathrm{T}}$，$\gamma_h$ 为载体位置正常重力，$\Delta \boldsymbol{g}$ 为重力异常。

将式(2.44)写为离散递推的形式为

$$\boldsymbol{V}^n(t_{k+1}) = \boldsymbol{V}^n(t_k) + \boldsymbol{C}_b^n(t_k)\int_{t_k}^{t_{k+1}} \boldsymbol{C}_{b(t)}^{b(k)} \boldsymbol{f}^b(t)\mathrm{d}t + \int_{t_k}^{t_{k+1}} [\boldsymbol{g}^n - (2\boldsymbol{\omega}_{ie}^n + \boldsymbol{\omega}_{en}^n) \times \boldsymbol{V}^n(t)]\mathrm{d}t \tag{2.45}$$

式(2.45)可简写成

$$\boldsymbol{V}^n(t_{k+1})=\boldsymbol{V}^n(t_k)+\Delta\boldsymbol{V}^n_{sf}(T_k)+\Delta\boldsymbol{V}^n_{g/cor}(T_k) \tag{2.46}$$

优于重力/哥氏项速度增量在较短的时间内变化很小，可以只用 t_m、t_{m+1} 时刻间的均值来进行表示，即

$$\Delta\boldsymbol{V}^n_{g/cor}(T_k)=\boldsymbol{g}^n(t_{k+\frac{1}{2}})T_s-[2\boldsymbol{\omega}^n_{ie}(t_{k+\frac{1}{2}})+\boldsymbol{\omega}^n_{en}(t_{k+\frac{1}{2}})]\times\int_k^{k+1}\boldsymbol{V}^n(t)\mathrm{d}t \tag{2.47}$$

速度在这一更新周期内的积分就是位置的变化量为

$$\Delta\boldsymbol{P}^n(T_k)=\int_k^{k+1}\boldsymbol{V}^n(t)\mathrm{d}t \tag{2.48}$$

这里利用前面两个时刻位置的变化进行外推估计

$$\Delta\boldsymbol{P}^n(T_k)=\Delta\boldsymbol{P}^n(T_{k-1})+[\Delta\boldsymbol{P}^n(T_{k-1})-\Delta\boldsymbol{P}^n(T_{k-2})]=2\Delta\boldsymbol{P}^n(T_{k-1})-\Delta\boldsymbol{P}^n(T_{k-2}) \tag{2.49}$$

把式(2.49)代入式(2.48)能得到 $\Delta\boldsymbol{V}^n_{g/cor}(T_k)$ 的计算公式。

比力速度增量和载体运动有联系，可分解为

$$\Delta\boldsymbol{V}^n_{sf}(T_k)=\boldsymbol{C}^n_b(t_k)\int_{t_k}^{t_{k+1}}\boldsymbol{C}^{b(k)}_{b(t)}\boldsymbol{f}^b\mathrm{d}t=\boldsymbol{C}^n_b(t_k)[\Delta\boldsymbol{V}(T_k)+\Delta\boldsymbol{V}_{rot}(T_k)+\Delta\boldsymbol{V}_{scul}(T_k)] \tag{2.50}$$

式中，$\Delta\boldsymbol{V}_{rot}(T_k)=\frac{1}{2}\Delta\boldsymbol{\theta}\times\Delta\boldsymbol{V}$ 是速度旋转效应的速度增量；$\Delta\boldsymbol{V}(T_k)=\int_{t_k}^{t_{k+1}}\boldsymbol{f}^b(t)\mathrm{d}t$ 是比力的速度增量；$\Delta\boldsymbol{V}_{scul}(T_k)$ 是划摇效应的速度增量，表示为

$$\Delta\boldsymbol{V}_{scul}(T_k)=\frac{1}{2}\int_{t_k}^{t_{k+1}}[\Delta\boldsymbol{\theta}(t)\times\boldsymbol{f}^b(t)+\Delta\boldsymbol{V}(t)\times\boldsymbol{\omega}^b_{ib}(t)]\mathrm{d}t \tag{2.51}$$

则有

$$\left.\begin{aligned}
&\Delta\boldsymbol{V}(T_k)=\Delta\boldsymbol{V}_1+\Delta\boldsymbol{V}_2+\Delta\boldsymbol{V}_3\\
&\Delta\boldsymbol{V}_{rot}(T_k)=\frac{1}{2}(\Delta\boldsymbol{\theta}_1+\Delta\boldsymbol{\theta}_2+\Delta\boldsymbol{\theta}_3)\times(\Delta\boldsymbol{V}_1+\Delta\boldsymbol{V}_2+\Delta\boldsymbol{V}_3)\\
&\Delta\boldsymbol{V}_{scul}(T_k)=\frac{33}{80}(\Delta\boldsymbol{\theta}_1\times\Delta\boldsymbol{V}_3+\Delta\boldsymbol{V}_1\times\Delta\boldsymbol{\theta}_3)+\\
&\qquad\frac{57}{80}(\Delta\boldsymbol{\theta}_1\times\Delta\boldsymbol{V}_2+\Delta\boldsymbol{\theta}_2\times\Delta\boldsymbol{V}_3+\Delta\boldsymbol{V}_1\times\Delta\boldsymbol{\theta}_2+\Delta\boldsymbol{V}_2\times\Delta\boldsymbol{\theta}_3)
\end{aligned}\right\} \tag{2.52}$$

式中，$\Delta\boldsymbol{V}_1$、$\Delta\boldsymbol{V}_2$、$\Delta\boldsymbol{V}_3$ 是一个周期里 $\left[t_k,t_k+\frac{T_k}{3}\right]$、$\left[t_k+\frac{T_k}{3},t_k+\frac{2T_k}{3}\right]$、$\left[t_k+\frac{2T_k}{3},t_{k+1}\right]$ 三个相等时间间隔的速度增量。

2.5.3　捷联惯导位置更新算法

捷联惯导位置微分方程为

$$\left.\begin{aligned} \dot{L} &= \frac{V_{\mathrm{N}}}{R_M + h} \\ \dot{\lambda} &= \frac{V_{\mathrm{E}}}{(R_N + h)\cos L} \\ \dot{h} &= V_{\mathrm{U}} \end{aligned}\right\} \tag{2.53}$$

对该微分方程进行积分，换成位置的离散递推方式，表示为

$$\left.\begin{aligned} L_{k+1} &= L_k + \int_{t_k}^{t_{k+1}} \dot{L}\,\mathrm{d}t \approx \varphi_k + \frac{1}{2}\left[\frac{V_{\mathrm{N}}(t_k) + V_{\mathrm{N}}(t_{k+1})}{(R_M + h)}\right] T_k \\ \lambda_{k+1} &= \lambda_k + \int_{t_k}^{t_{k+1}} \dot{\lambda}\,\mathrm{d}t \approx \lambda_k + \frac{1}{2}\left[\frac{V_{\mathrm{E}}(t_k) + V_{\mathrm{E}}(t_{k+1})}{(R_N + h)\cos L}\right] T_k \\ h_{k+1} &= h_k + \int_{t_k}^{t_{k+1}} \dot{h}\,\mathrm{d}t \approx h_k + \frac{1}{2}\left[V_{\mathrm{U}}(t_k) + V_{\mathrm{U}}(t_{k+1})\right] T_k \end{aligned}\right\} \tag{2.54}$$

第3章　GNSS动态定位检定系统设计

基准、标准技术是测试计量技术水平的最高表现形式，因此，GNSS导航动态定位性能检定系统（简称“动态定位检定系统”）是GNSS卫星导航动态定位性能测试评估技术的最高表现形式。

本章主要从卫星导航动态定位性能检定需求出发，对动态定位性能检定系统的指标评价方法及性能指标进行了研究（以北斗动态定位性能检定系统为例），主要分析了检定系统需具备的功能；给出了动态定位检定载体选用原则，在分析不同载体动态特性、可行性的基础上，提出采用军用飞机搭载动态定位检定系统，保证了检定试验需要的高动态测试环境。本书选用了在原理上与卫星导航定位技术有本质区别的多节点摄影测量/惯导组合定位技术作为动态定位检定技术，该组合测量方法在工作模式、基本观测量上均与卫星导航定位方法不同，保证了测量成果的独立性。

高动态条件下的摄影相机、捷联惯导、待检测接收机位置归心及授时型接收机、嵌入式计算机、摄影相机、捷联惯导、待检测接收机之间的时间同步是进行项目研究的前提。由于载体的运动导致各定位单元给出的位置信息具有瞬时性和不可重复性，本章充分利用惯性导航系统姿态数据，分析并设计了高动态条件下的摄影相机、捷联惯导、待检测接收机位置归心关键问题的解决方案，理论上摄影传递给惯导的位置归心误差能控制在5 cm以内。时间同步是进行信息融合时必须解决的关键问题，本章设计了授时型接收机、嵌入式计算机、摄影拍照时刻、捷联惯导系统、待检测接收机之间的时间同步解决方案。受限于摄影相机从控制指令触发到机械快门打开时间延迟的不稳定性，对基于液晶快门实现摄影测量时刻精确记录方法进行了分析，提出采用光敏感器记录高速闪光时刻的方式，可实现摄影测量时刻的精确记录，时刻记录精度优于0.2 ms。设计由于时间同步误差导致的摄影测量交会定位传递精度优于5 cm。

3.1　GNSS动态定位检定系统指标评价及指标确定

本书主要研究GNSS动态定位性能检定理论及关键技术，需从计量学角度出发，根据被检定对象的性能制定动态定位检定系统需要具备的性能指标，研究动态定位系统的指标评价方法及应该达到的性能指标。

3.1.1　动态定位检定系统指标评价方法

1963年，测量不确定度理论被美国国家标准局（NBS）的Eisenhart提出。1993年，由国际计量局（BIPM）、国际标准化组织（ISO）、国际电工委员会（IEC）和国际法制计量组织（OIML）组成的工作组颁布了《测量不确定度表示指南》（GUM），随后得到国际纯粹与应用化学联合会（IUPAC）、国际临床化学和实验室医学联盟（IFCC）、国际纯粹与应用物理学联合会（IUPAP）三个国际组织的认可。该指南统一规定了术语定义、概念、评定方法和报告的表达方式，是当前国际上表示测量结果及其不确定度的约定做法。测量不确定度的理论使不同学科、不同领域、不同国家、不同地区一致地表示测量结果及其不确定度。我国参考《测量不确定度表示指南》制定了国家计量技术规范《测量不确定度评定与表示》（JJF 1059.1—2012），将其作为我国对测量结果和质量进行评定、表示和比较的统一准则。因此需要利用不确定度理论来评价动态定位性能检定理论体系。下面对测量不确定度理论中的几个概念进行阐释。

根据规范，标准不确定度是用标准偏差来表示的测量不确定度，标准（偏）差计算公式为

$$s=\sqrt{\frac{\sum_{i=1}^{n}(x_i-\bar{x})^2}{n-1}} \tag{3.1}$$

式中，x_i 是对同一被测量进行 n 次测量的第 i 次测量的数据，$\bar{x}$ 为 n 次测量结果的算术平均值，必须是在相同观测条件下进行的批量测量。由于动态定位检定的动态特性，难以保证相同的观测条件独立地进行 n 次测量，因此该式在动态定位评定中不适用，书中应用该式的场景是在静态摄影测量后方交会性能验证中，摄站在同一条件下进行连续 n 次拍照，统计单站摄影测量交会性能的一致性。

书中应用更多的是标准不确定度A类评定中的合成样本标准差 s_p 的解释，对同一测量过程，可以利用核查标准的办法，测量过程的合成样本标准差 s_p 表示为

$$s_p=\sqrt{\frac{\sum s_i^2}{k}} \tag{3.2}$$

式中，s_i 是每一次核查时候的样本标准差，k 是核查次数，在动态定位检定试验中 $k=1$，于是其标准不确定度为

$$u=\frac{s_p}{\sqrt{n}} \tag{3.3}$$

《测量不确定度评定与表示》中式（3.2）和式（3.3）的表述方法与测绘学科中以真误差表述中误差的概念一致，其描述为观测值独立等精度条件下的中误差计算

式(隋立芬 等,2004)

$$m = \pm\sqrt{\frac{\sum_{i=1}^{n}\Delta_i^2}{n}} \tag{3.4}$$

式中,Δ_i 为观测值与真值之差。

可以看出,利用真误差表述的中误差概念与《测量不确定度评定与表示》中式(3.3)的表述一致,书中将主要应用式(3.4)进行动态定位性能的评价。在静态摄影测量中的多点位测量中,全站仪测量值作为真值;在低动态车载动态定位性能试验中,将全站仪跟踪测量值或经检验的RTK测量值作为真值;在对捷联惯导性能进行计算机仿真实验时,将仿真飞机飞行数据作为真值;在动态定位性能检定试验中,将地面三摄站摄影前方交会定位结果作为真值;在GNSS动态定位性能检定试验中,将GNSS动态定位检定系统的定位结果作为真值。

扩展不确定度是用来确定测量结果区间的量,将合成标准不确定度 $u_c(y)$ 乘以给定概率 p 的包含因子 k_p,可得到扩展不确定度 U_p,表示可以期望在 $y-U_p$ 至 $y+U_p$ 的区间内,以概率 p 包含了测量结果的可能值。k_p 与 y 的分布有关。当可以按照中心极限定理估计接近正态分布时,$k_p=t_p(v_{\text{eff}})$(表示对于有效自由度 v_{eff} 与给定概率 p 相应的 t 分布的 t 值),一般采用的 p 值为99%和95%。当 v_{eff} 充分大时,$k_{95}=1.96$,$k_{95.5}=2$,$k_{99}=2.58$,$k_{99.7}=3$,从而分别得出

$$\left.\begin{aligned} U_{95} &= 1.96u_c(y) \\ U_{95.5} &= 2u_c(y) \\ U_{99} &= 2.58u_c(y) \\ U_{99.7} &= 3u_c(y) \end{aligned}\right\} \tag{3.5}$$

当 y 的分布不是正态分布时,不确定度的描述方式较置信区间的概念更能反映测量数据中特大或特小误差的影响。估计值 y 的值与其合成标准不确定度 $u_c(y)$ 或扩展不确定度 U 最多为2位有效数字。

为了能够对卫星导航系统动态定位性能进行检定,动态定位检定系统自身应具备更优的动态定位性能,依据《通用计量术语及定义》(JJF 1001—2011)对校准测量能力的要求,用包含因子 $K=2$ 的扩展不确定度作为能够提供的最高校准测量水平,如条件允许可设定 $K=3$。

不确定度理论概念方法非常清晰,有效地跳出了误差分类的束缚,回归了未知误差估计评价的最原始主题,是对测量结果与真值的接近程度的定量估计,是国家量值传递计量体系的可靠保障,对不同学科间的交流和促进科学技术的进步有着重要的意义。因此,从计量学角度出发,动态定位性能检定系统以扩展不确定度指标对卫星导航系统动态定位性能进行评价,包含因子 K 的数值可以根据条件确定为2或者3。

3.1.2　动态定位检定系统性能指标确定

几个主要卫星导航系统自身定位性能略有差异，大致在同一量级，书中暂以北斗动态定位检定系统为例介绍GNSS动态定位检定系统的建立方法，其性能指标应该根据应我国北斗卫星导航系统性能指标确定，我国分阶段建设北斗卫星导航系统，在不同阶段会发布相应的性能服务指标。北斗卫星导航系统区域系统于2012年12月正式开通运行，卫星星座由5颗地球静止轨道（GEO）卫星、5颗倾斜地球同步轨道（IGSO）卫星和4颗中圆地球轨道（MEO）卫星组成，北斗卫星导航系统公开服务性能规范（1.0版）公布的北斗系统定位/测速/授时精度指标如表3.1所示。

表3.1　北斗系统服务区内公开服务定位/测速/授时精度指标

服务精度		参考指标/（95%置信度）	约束条件
定位精度	水平	≤10 m	服务区任意点24小时的定位/测速/授时误差的统计值
	垂直	≤10 m	
测速精度		≤0.2 m/s	
授时精度（多星解）		≤50 ns	

我国依据95%置信度发布北斗卫星导航系统定位指标，当北斗卫星导航系统定位性能为正态分布时，依据式（3.5）可得到北斗卫星导航系统定位合成标准不确定度与95%置信度的关系为

$$\left.\begin{aligned} u_c(H) &= U_{95}(H)/1.96 \\ u_c(V) &= U_{95}(V)/1.96 \end{aligned}\right\} \tag{3.6}$$

式中，$u_c(H)$代表北斗卫星导航系统水平方向定位标准不确定度，$u_c(V)$代表垂直方向定位标准不确定度。

根据对测量不确定度理论的分析，若用包含因子$K=2$的扩展不确定度表示，此时动态定位检定系统的不确定度应不大于北斗动态定位不确定度的1/2，根据式（3.6）可计算得到动态定位检定系统应具备的性能为

$$\left.\begin{aligned} u'(H) &\leqslant 2.6\ \text{m} \\ u'(V) &\leqslant 2.6\ \text{m} \end{aligned}\right\} \tag{3.7}$$

式中，$u'(H)$代表水平方向标准不确定度，$u'(V)$代表垂直方向标准不确定度。

如条件允许，可设定$K=3$，此时可计算得到动态定位检定系统应具备的性能为

$$\left.\begin{aligned} u'(H) &\leqslant 1.7\ \text{m} \\ u'(V) &\leqslant 1.7\ \text{m} \end{aligned}\right\} \tag{3.8}$$

2020年我国将要建成北斗全球卫星导航系统，其定位精度也将比北斗卫星导航系统区域系统有所提高，目前国家尚未公布其具体的定位性能设计指标。为提

高本书研究内容的适用性,北斗动态定位性能检定方法应瞄准北斗全球卫星导航系统。假定北斗全球卫星导航系统的公开位置服务指标是水平方向、垂直方向定位性能分别为 $U_{95}(H) \leqslant 4.0$ m、$U_{95}(V) \leqslant 6.0$ m,则当包含因子 $K=2$ 时,根据式(3.6)可计算得到动态定位检定系统应具备的性能为

$$\left.\begin{aligned} u'(H) &\leqslant 1.0 \text{ m} \\ u'(V) &\leqslant 1.5 \text{ m} \end{aligned}\right\} \tag{3.9}$$

当包含因子 $K=3$ 时

$$\left.\begin{aligned} u'(H) &\leqslant 0.68 \text{ m} \\ u'(V) &\leqslant 1.0 \text{ m} \end{aligned}\right\} \tag{3.10}$$

考虑到高动态条件下的高定位精度、高数据更新率技术的实现难度,如果北斗动态定位检定系统的定位性能达到式(3.9)水平时($K=2$),便可认为具备了动态定位性能检定能力。经过研究,基于多节点摄影/惯导组合定位性能具备满足 $K=3$ 时的定位性能,具备更高的检定能力,因此设定北斗动态定位检定系统达到式(3.10)的定位性能,即水平方向定位标准不确定度应优于 0.68 m,垂直方向定位的标准不确定度应优于 1.0 m。动态定位检定系统不仅需具备较高的定位性能,还应具备不低于待检北斗接收机的数据更新率,参考国内外高动态卫星导航型接收机及板卡的性能指标,把数据更新率定义为不低于 50 Hz 是合理的。

同理,可根据其他卫星导航系统定位性能确定其动态定位检定系统应该具备的性能指标。

3.2　GNSS 动态定位检定系统应具备的功能

卫星导航动态定位用户处于运动状态(具有一定的速度和加速度),其空间位置随时间不断变化,动态定位结果具有瞬时性和不可重复性,这为动态定位性能检定技术的选择带来难题,使卫星导航系统动态定位性能检定技术与静态定位性能检定技术在实现途径和评估方法上有较大的差异(丛佃伟 等,2015a)。动态检定系统至少应具备以下几个条件:

(1)选用原理上与卫星导航定位方法有本质区别的技术,只有避免了使用相同的工作模式或者观测量,才能避免可能存在相同或相近的系统性偏差,使检定结果具备更高的可信度。卫星导航系统导航定位的基本观测量是卫星到接收机之间的伪距和伪距变化率,本质是基于测距的空间后方交会定位法,常规进行动态定位测试用的 GNSS RTK 技术和 PPP 技术等在本质上也是基于测距的空间后方交会定位法,因此这两种方法不适合作为检定技术的选项。

(2)具备高动态条件下定位的能力,由动态范围视检定需求和实际条件而定,如选择的载体动态范围有限,则应选择动态定位性能与载体速度、加速度、姿态无

关或相关性弱的技术，以使检定结果具备强的动态拓展性。

(3)动态定位检定系统应具备更优的动态定位性能，需将其定位结果与卫星导航系统终端动态定位结果归化到同一坐标系统和同一时间系统下的同一时刻下，利用统一的定位评价指标进行比较。检定基准系统自身的定位性能(包含归化误差)确定可依据《通用计量术语及定义》中对校准测量能力的要求：用包含因子 $K=2$ 的扩展不确定度表示能提供给用户的最高校准测量水平，也称最佳测量力。实践中如条件允许，通常设定 $K=3$，即要求其定位的不确定度要小于被检测设备设计不确定度的1/3。例如，根据北斗全球卫星导航系统可能实现的精度水平，设定北斗动态定位检定系统水平方向定位的标准不确定度不大于 0.68 m，垂直方向的定位的标准不确定度不大于 1.0 m。

(4)具备动态定位条件下的连续定位能力，其数据更新率应不低于被检定卫星导航系统终端的数据更新率。动态定位结果的瞬时性要求必须采用快速时域定位参数来描述与刻画定位载体的运动状态。目前主流卫星导航终端的数据更新率为 1～2 Hz，少量高动态定位板卡数据更新率可达到 50 Hz。为保证动态定位检定系统的检定能力，设定定位数据刷新率应不低于 50 Hz，并具备一定的拓展能力。

(5)按照计量规范要求(见 7.1 节)，搭建的 GNSS 动态定位检定系统，需通过一条具有规定不确定度的不间断的比较链使动态定位检定系统检定结果能与参考标准建立联系，具备这种定位精度的性能验证能力后才能作为 GNSS 动态定位性能检定系统。

(6)作为动态定位检定试验系统，其对卫星导航系统的定位检定实施不应该是单次的，在卫星导航系统的建设进程和系统优化阶段过程中均需要进行动态定位的检定试验。因此，检定设备应该是可回收并重复使用的，最理想的情况还应该是检定场景可重现，能够实现三维分量上的动态检定。

3.3　GNSS 动态定位检定载体及检定技术选择

3.3.1　动态检定系统载体的选择

本书研究内容是 GNSS 动态定位性能检定的理论，可以为开展卫星导航系统动态定位性能的测试服务(需大范围试验)，也可针对具体的卫星导航接收机进行测试。因此，选择载体的动态性能应尽可能满足卫星导航系统和接收机实际应用的动态范围要求。受接收机制造工艺等的限制及为满足应用需求，接收机生产厂家需要公布接收机适用的载体速度、加速度等指标，GPS、北斗卫星导航系统等在公开性能服务规范中均不发布导航系统适用的载体速度、加速度、加加速度(急动度)的限制。目前应用的导航接收机终端用户动态范围变化较大,例如车载应用速度一般在 200 km/h 以内;巡航导弹速度大都在亚音速范围内,美军现装备的各种型号“战斧”巡航导弹巡航速度在 880 km/h,最大速度为 0.85 Ma;民航飞机巡航速度在 600~1 000 km/h(地速);低轨卫星速度为每小时数千千米。此外,卫星导航接收机板卡还在火箭炮、精确炮弹等各类速度、加速度、加加速度均变化较大的场合应用。

为提高动态定位检定结论的可信度,尤其是为满足对实际定位精度有检定和溯源需求的用户,应力求动态定位检定系统的载体动态取值范围越宽越好,但现实条件可选的余地有限,因此还需尽量选择那些定位性能与动态情况有明确关系或者无关的技术。

如图 3.1 所示,高动态、可重复使用等条件限制了载体的选择范围。防空导弹、巡航导弹等难以保证搭载的检定基准试验系统的可回收条件,放弃此类载体;高铁列车(最高速度可达 350 km/h,速度维持时间长)、火箭撬(用火箭推动在轨道上高速行驶的滑车,可超音速,但维持时间短,例如我国建设的某火箭撬轨道长度为 6 km,最快速度可达 2.8 倍音速,从启动到停止为几秒钟的时间)速度较高,但这两种载体仅能进行一维方向的定位精度测量,且实施难度较大;受安全性的限制,利用民航飞机搭载动态检定系统的难度较大;无人机、通用飞机飞行速度略低。经调研,世界上主流军用战斗飞机均具有较高的动态定位性能,如图 3.2 所示,并且能够满足图 3.1 中载体应该具备的全部条件,因此可选用军用飞机作为飞行试验载体。图 3.3 和图 3.4 为调研某型飞机在机场上空以 200 m 左右高度、600 km/h 左右速度通场飞行时的速度和高度,可以看出军用战斗飞机是进行 GNSS 动态定位检定试验的理想载体。

载体应具备的条件：

- ①可行性和可操作性
- ② 能够搭载动态检定系统
- ③ 高动态，可重复使用
- ④成本可控
- ⑤动态性能可调整和拓展

图 3.1　动态定位检定载体需具备的条件

(a) 苏30战斗机

(b) F14战斗机

(c) 歼11B战斗机

图 3.2　军用战斗飞机

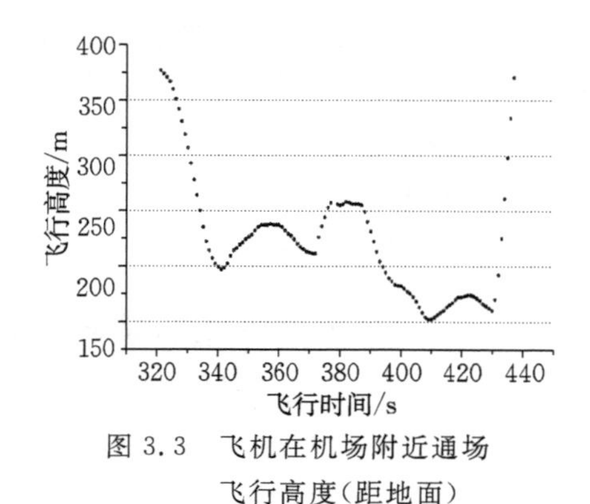

图 3.3　飞机在机场附近通场飞行高度(距地面)

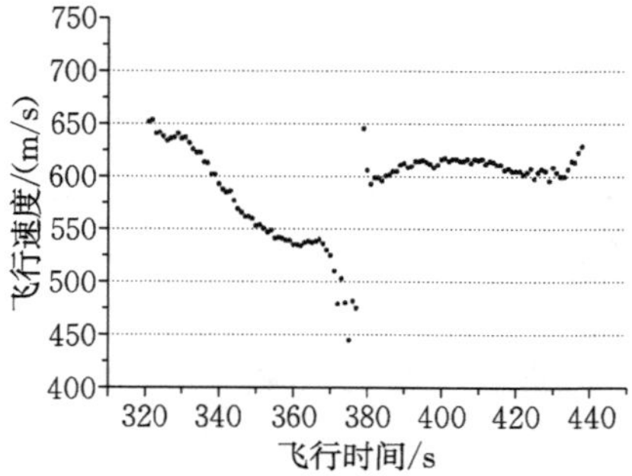

图 3.4　飞机在机场附近通场飞行速度(地速)

3.3.2　动态定位检定技术的选择

随着摄影测量理论的成熟与非量测数码相机制造工艺的提高,基于非量测数码相机的近景摄影测量所能实现的精度越来越高。单像空间后方交会定位方法是航空摄影测量的一项重要内容,通过影像覆盖范围内一定数量的控制点的空间坐标及相应像点坐标,利用共线条件方程法反求影像摄影瞬间的外方位元素,其基本观测量是控制点在图像传感器上的像点坐标,本质是基于测角的空间后方交会定位法。惯性导航的观测量是速度和角度的微分量,通过积分法推算定位;卫星导航系统导航定位的基本观测量是卫星到接收机之间的伪距和伪距变化率,本质是基于测距的空间后方交会定位法。几种定位技术情况的比较如表 3.2 所示,摄影测量和惯性测量方法的工作模式、基本观测量均与卫星导航定位方法不同。摄影测量和惯性测量方法均具备高动态条件下的动态定位能力,且摄影测量观测值的获得是在拍照瞬间完成的,摄影/惯导组合测量结果在原理上与载体运动速度基本无关,因此利用该方法得到的测试结果具备较大的动态适应性。摄影/惯导组合定位的数据更新率与惯导系统性能有关,远大于 50 Hz 的数据更新率。

表 3.2　几种定位技术基本情况比较

定位方法	基本观测量	定位方法	数据更新率	定位精度
卫星导航定位	伪距、伪距变化率	基于测距的空间后方交会	与接收机有关,一般在 1～10 Hz	米级～10 米量级
摄影测量后方交会定位	标志图像中心像点坐标	基于角度测量的空间后方交会	与标志场间隔及飞行速度有关	与硬件及摄影环境相关,较高
捷联惯性导航系统定位	角速率和加速度	通过积分推算导航	100 Hz 以上	短时精度高

依据摄影测量原理,高分辨率相机能够通过拍摄有地面标志的标志场来给出

拍摄时刻的高精度的飞机位置信息(崔红霞 等,2008;丛佃伟 等,2014),但是由于飞机高速飞行,地面布设的检定场范围受限,因此摄影方式仅在很小的时段内能够给出定位信息,更难以保证定位信息时间间隔恒定和连续。而惯性导航系统能够给出高采样率的载体运动加速度和角速度信息,通过积分可进一步得到载体的速度、姿态和位置信息。但是由于受到惯导漂移误差等的影响,这些导航信息的精度随时间不断降低。因此,将摄影定位信息与惯导进行组合,利用摄影给出的离散的定位信息和其他先验信息来估计和修正惯性系统误差,从而使修正后的惯性导航定位和测速信息满足动态检定的更新率和精度要求。至此,摄影/惯导组合定位技术具备了上述作为检定系统需具备的要素的前三条。因此,如果摄影/惯导组合测量技术能够具备更优的动态定位性能和完整的性能验证体系这两个条件,便可以作为检定系统的选用技术。

3.4　GNSS动态定位检定系统总体框架及功能

根据3.2节中对动态定位检定系统应具备功能的描述,动态定位检定系统除了在定位原理上需要与卫星导航系统区别外,需要具备高动态条件下的高定位精度和高数据更新率。动态定位检定系统主要由机载动态定位检定平台、数据处理软件和地面标志场三部分组成,如图3.5所示,动态定位检定平台挂载于飞机机翼下方。

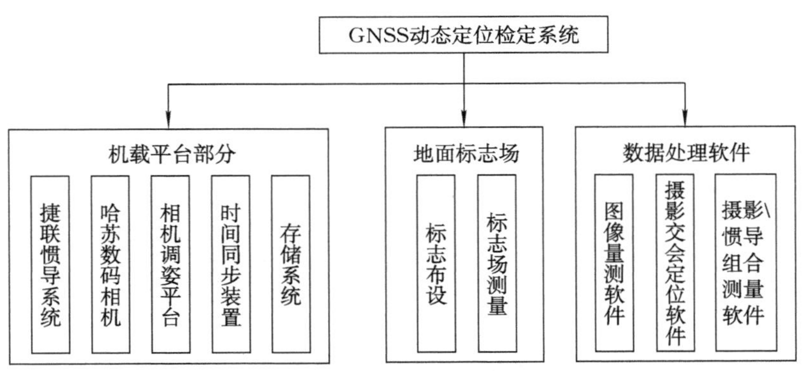

图3.5　GNSS动态定位检定系统主要组成

GNSS动态定位检定系统主要功能模块设计如图3.6所示,时间同步装置为捷联惯性导航系统和摄影相机提供统一的时间基准,捷联惯性导航系统为相机平台提供实时姿态信息,以便于调整姿态。惯性导航系统和摄影相机分别将观测得到的惯性数据和图像数据存储于存储系统中,完成数据采集。待完成机载测量后,图像量测软件利用图像数据识别出标志点的编号以及量测出标志图像中心的像点坐标,将结果传递给摄影测量交会定位软件。摄影测量交会定位软件利用像点坐标和地面标志的物点坐标解算出检定平台的位置，并传递给摄影/惯导组合测量软件。摄影/惯导组合测量软件利用摄影定位信息以及惯导原始观测量进行事后组合处理，得到动态检定时段内的定位信息，用此结果对卫星导航接收机定位性能进行检定，给出动态定位检定结果。各部分功能将在下面逐一介绍。

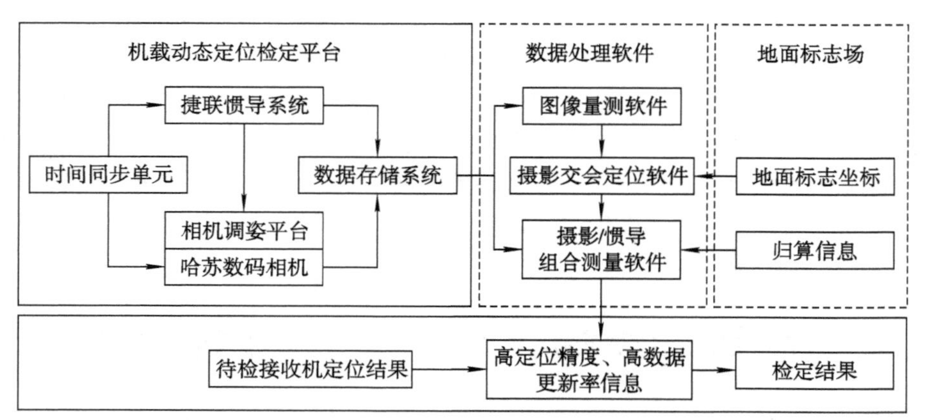

图 3.6 GNSS动态定位检定系统主要功能模块设计

3.4.1 机载动态定位检定平台功能设计

机载动态定位检定平台是动态定位检定系统的硬件部分，主要由哈苏H4D-60数码相机、相机调姿平台、捷联惯性导航系统、时间同步单元和数据存储系统（嵌入式计算机）等，这些硬件集成于仿真弹壳内，如图3.7所示，内径为0.357 m，长度为4 m，各硬件通过固定架固定在壳体内，检定平台总质量在250 kg以内。检定平台通过前、中、后三个挂件固定在飞机挂架上。

图 3.7 机载动态定位检定平台

摄影测量交会定位性能的研究与实践将在第4章、第5章中详细阐述。摄影测量模块的主要数据处理流程：经过精确标校的高品质摄影相机集成安装在机载动态定位检定平台内，飞机起飞后利用飞行引导软件导引飞机沿预定路径飞行；在接近地面标志场区域时，调姿平台根据惯导姿态数据调整相机姿态接近正直摄影，然后摄影控制软件控制哈苏H4D-60相机对坐标已知的地面标志场进行拍照；飞机降落后，利用摄影测量图像量测软件对拍摄照片进行标志图像中心像点坐标的量测，综合地面标志点大地坐标，利用摄影测量交会定位软件完成摄站位置和姿态解算。

捷联惯性导航系统输出包括原始的角增量、速度增量观测信息（经过标校和温度补偿），接口为标准的数据输出接口（RS422）。捷联惯导系统在动态定位检定系统中主要发挥以下作用：

（1）将多节点的摄影定位数据与捷联惯导测量数据组合进行数据处理，提高动态定位结果的数据更新率和定位精度。

（2）为相机平台提供实时的姿态参数，控制相机平台对地面标志场进行正直摄影。

（3）为动态定位检定分系统间的位置归心以及检定平台与地理坐标系的关系确定提供姿态数据。

3.4.2　数据处理软件功能设计

数据处理软件主要由图像量测软件、摄影测量交会定位软件和摄影/惯导组合测量软件组成。

图像量测软件主要功能是自动识别拍摄图像上的标志并精确量测标志图像中心的像点坐标，并完成摄影物点（地面标志点）与像点的匹配工作。

摄影测量交会定位软件主要功能是利用图像量测软件获得的标志图像中心像点坐标和地面标志大地坐标解算摄站在各拍照时刻的位置和姿态。

摄影/惯导组合测量软件主要功能是将摄影测量交会定位结果和捷联惯性导航系统测量数据进行事后组合处理。为提高动态定位检定系统定位精度，提出了区别于传统摄影/惯导组合导航的多节点摄影/惯导组合测量方法，将多节点信息应用到捷联惯导误差传播模型统一解算，大大提高了多节点摄影/惯导组合测量方法节点间的定位精度，以捷联惯导输出的高数据更新率的高精度定位结果对 GNSS 接收机性能进行检定。

3.4.3　地面标志场功能设计

地面标志场的主要任务是为机载摄影测量交会方法提供摄影物点坐标，再加上量测的图像像点坐标便可根据共线条件方程（单像空间后方交会）解算摄站的位置和姿态。地面标志场由多个地面标志区组成，标志区的数量需要根据多节点摄影/惯导组合方式误差参数的数量确定，标志区由按照一定规则布设并利用大地测量方法获得精确坐标的标志点构成，布设情况应提高摄影测量交会性能及物点像点的自动匹配。应选择空旷区域作为标志区，以保证动态定位检定试验过程中飞机能够进行低空高速飞行任务（航高 200 m、地速 600 km/h 左右）。经过研究并结合实际情况，标志场内设置 4 个标志区情况如图 3.8 所示，标志区 A 与标志区 B 相距约 4.3 km，标

志区 B 与标志区 C 相距约 3.0 km,标志区 C 与标志区 D 相距约 4.3 km。

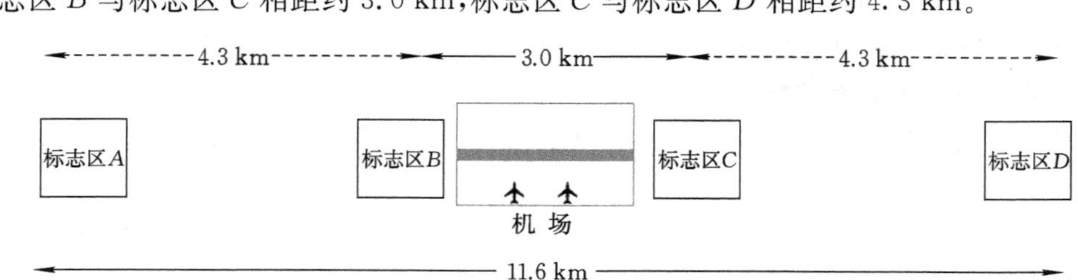

图 3.8　地面标志场设置

3.5　高动态条件下多系统位置归心技术研究

高动态条件下,动态定位检定系统内各分系统输出的观测量和导航参数在不断变化,摄影测量、捷联惯导设备和待检定 GNSS 接收机均具备独立的定位功能,三者均安置在机载动态检定平台的不同位置,各设备的坐标系统、初始姿态不完全一致,且多系统之间的位置关系随着载体的姿态变化和高速运动而时刻变化,因此高精度的位置归心是数据处理的前提和难点,归心是将各测量仪器的坐标统一于同一坐标系内。

摄影相机后方交会可以解算得到多个拍照时刻的相机投影中心位置和摄站姿态,并需将位置和姿态传递给捷联惯导系统(归算后作为拍照时刻捷联惯导位置和姿态的真值),其坐标系统为摄影物方(空间)坐标系。多节点摄影/惯导组合测量方法能够利用归算的多个拍照时刻惯导位置和姿态作为节点观测值,统一解算捷联惯导误差参数,利用修正后的惯导参数解算得到检定区内捷联惯导定位点位置和捷联惯导平台姿态信息,坐标系统采用惯性坐标系。待检接收机能够独立以一定的频率输出天线相位中心的坐标,坐标系统采用对应卫星导航系统的坐标系统。只有将高动态条件下的待检接收机天线相位中心位置与惯导定位点归算到同一时刻下的同一位置才能进行比较。

本书充分利用惯性导航系统的高频率姿态数据将各测量仪器坐标转换至地理坐标系坐标,设计的 GNSS 动态定位检定系统位置归心过程如图 3.9 所示,各系统统一归心到惯导系统定位点。

3.5.1　飞机起飞前动态定位检定各设备位置归心方法

摄影测量相机、捷联惯性导航系统、待检测卫星导航接收机天线固定安装于动态定位检定平台上。通过全站仪精确量测各设备定位点(相机投影中心、惯导定位点与 GNSS 天线相位中心)之间的距离,此时如果明确三个设备在同一坐标系统下的姿态便可进行位置归心,为便于测量,静态条件下统一归算到地理坐标系。

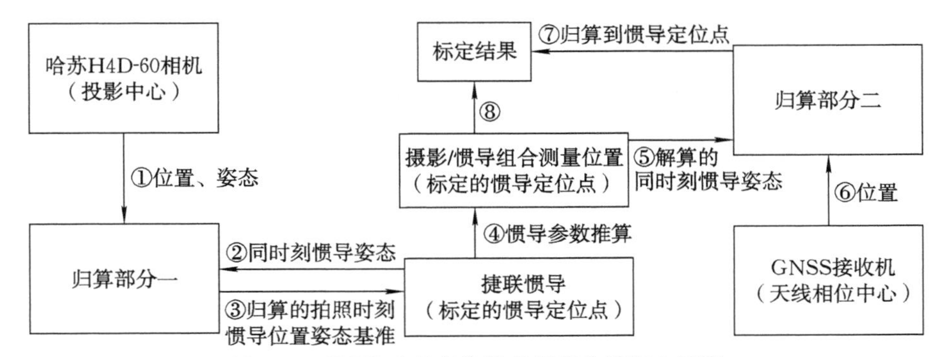

图 3.9　GNSS 动态定位检定系统位置归心过程

摄影相机后方交会的定位点为相机投影中心位置，摄站坐标系统为摄影物方（空间）坐标系。利用相机静态拍摄预设标志场（物点坐标采用地理坐标系），利用摄影测量后方交会方式可解算得到摄站（相机）在地理坐标系的姿态。

动态定位检定平台处于静止状态，利用惯性系统静态自对准技术可以得到载体坐标系与地理坐标系之间高精度的俯仰角和横滚角，航向角的测量可以利用自准直经纬仪和引北棱镜组件实现，如图 3.10 所示。将引北棱镜组件与捷联惯性导航系统固定联结安装，如图 3.11 所示，全站仪架设于已知点 O，OC 为已知基准方向（地理坐标系），利用带有自准直系统的全站仪可测量得到棱镜面法线方向与地理北的夹角，而棱镜面与惯性系统基准面通过机械加工保证了固定的方位关系，从而可直接标定惯性系统的航向角。

图 3.10　定制的惯导引北棱镜组件

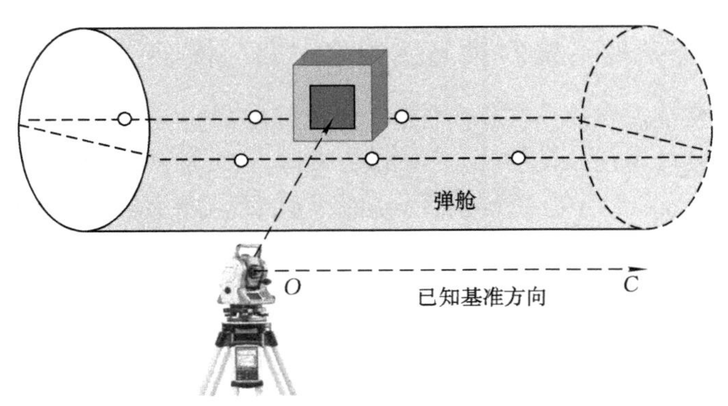

图 3.11　静态条件下惯导航向角标定

利用捷联惯导自标定得到的载体坐标系与地理坐标系之间的角度关系，可方便实现卫星导航接收机天线相位中心到惯导定位点的归心。

静态条件下摄影相机投影中心到惯导定位点的归心计算公式为

$$\boldsymbol{r}_{\text{Vision}}^{n}=\boldsymbol{r}_{\text{INS}}^{n}+\boldsymbol{C}_{b}^{n}\boldsymbol{l}^{b} \tag{3.11}$$

式中，$\boldsymbol{r}_{\text{Vision}}^{n}$ 表示摄影相机投影中心在地理坐标系中的位置矢量；$\boldsymbol{r}_{\text{INS}}^{n}$ 表示惯导定位点在地理坐标系中的位置矢量；$\boldsymbol{C}_{b}^{n}$ 表示惯导姿态矩阵，由自标定得到；$\boldsymbol{l}^{b}$ 表示摄影相机投影中心与惯导定位点之间的归心距。

静态条件下卫星导航接收机天线相位中心到惯导定位点的归心计算公式为

$$\boldsymbol{r}_{\text{GNSS}}^{n}=\boldsymbol{r}_{\text{INS}}^{n}+\boldsymbol{l}_{\text{GI}}^{n} \tag{3.12}$$

式中，$\boldsymbol{r}_{\text{GNSS}}^{n}$ 表示地理坐标系下的 GNSS 导航接收机天线相位中心的位置矢量，$\boldsymbol{l}_{\text{GI}}^{n}$ 表示 GNSS 导航接收机天线相位中心与惯导定位点之间的位置矢量差。

静态条件下的各系统的位置归心方法及捷联惯导航向归算精度在6.6节中进行了试验验证。

3.5.2　高动态条件相机投影中心与捷联惯导系统定位点归心方法

高动态检定条件下，利用相机拍摄地面标志场（标志点物点坐标采用地理坐标系），利用摄影测量后方交会方式可解算得到摄站在地理坐标系的位置和姿态。

利用多节点摄影/惯导组合测量方法解算得到高精度惯导定位点的位置和在载体坐标系与地理坐标系之间的相对姿态。

利用以上信息可以得到高动态条件下摄影相机投影中心与捷联惯导系统定位点的归心公式为

$$\boldsymbol{r}_{\text{Vision}}^{n}=\boldsymbol{r}_{\text{INS}}^{n}+(\boldsymbol{C}_{n}^{c})^{\text{T}}\boldsymbol{C}_{b}^{c}\boldsymbol{l}^{b} \tag{3.13}$$

式中，$\boldsymbol{r}_{\text{Vision}}^{n}$、$\boldsymbol{r}_{\text{INS}}^{n}$、$\boldsymbol{l}^{b}$ 与式(3.11)的定义相同；$\boldsymbol{C}_{n}^{c}$ 表示相机的摄影坐标系相对于地理坐标系的姿态旋转矩阵，可以利用拍摄地面标志场空间后方交会求得；$\boldsymbol{C}_{b}^{c}$ 表示相机的摄影坐标系相对于载体坐标系的姿态旋转矩阵，安装固定后保持不变。

3.5.3　高动态条件下接收机天线相位中心与惯导定位点归心方法

动态检定系统需要输出高精度、高数据更新率的定位结果，即多节点摄影/惯导组合测量后经过修正后的惯导定位结果。因此需要将捷联惯导定位点与待检测GNSS接收机天线相位中心进行位置归心。归心的主要依据是两系统在载体坐标系中的相对位置矢量以及该时刻的捷联惯导姿态矩阵。

实时位置归心算法为

$$\boldsymbol{r}_{\text{GNSS}}^{n}=\boldsymbol{r}_{\text{INS}}^{n}+\boldsymbol{C}_{b}^{n}\boldsymbol{l}^{b} \tag{3.14}$$

式中，$\boldsymbol{r}_{\text{INS}}^{n}$、$\boldsymbol{r}_{\text{GNSS}}^{n}$ 分别表示导航坐标系下的 INS 和 GNSS 的位置矢量，$\boldsymbol{l}^{b}$ 表示两个系统在载体坐标系中的相对位置矢量（归心距），$\boldsymbol{C}_{b}^{n}$ 与式(3.14)中定义相同。

3.5.4　位置归心误差影响分析

由上述分析可知，位置归心误差主要受到归心距(相机投影中心与惯导定位点之间相对位置矢量、卫星导航接收机天线相位中心与惯导定位点之间相对位置矢量)及归心姿态测量误差的影响。因此，尽量减小归心距能够直接提高位置归心误差的影响。第 6 章选用了中高精度的捷联惯导，其在起飞一小时内输出的姿态测量精度能够优于 0.1°。

以航向角误差为例说明航向归心误差对动态定位检定精度的影响(其他姿态角误差也可以按照该方法概略估算)。如图 3.12 所示，若待检测接收机 A 所在地理坐标系与检测平台 B 归算的地理坐标系之间存在航向角误差为 α，则引入的动态定位检定位置误差(三维矢量)概略估算为 $\alpha \cdot \overline{\boldsymbol{AB}}$，若按照 $AB=2$ m、$\alpha=0.1°$ 归算，则造成的位置误差(三维矢量)为 0.003 4 m。考虑到静态位置测量误差及机翼弹性形变、振动等因素影响，可分配给位置归心的误差应小于 0.05 m。

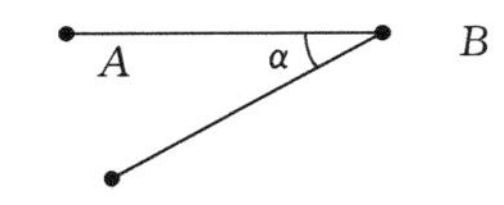

图 3.12　位置归心误差影响分析

3.6　高动态条件下多系统时间同步技术研究

时间同步问题是由于载体的运动导致各定位单元给出的位置信息具有瞬时性和不可重复性，是进行动态定位检定时必须解决的关键问题，时间同步问题解决的好坏严重影响着动态定位检定系统的检定能力。时间同步导致的定位误差与载体飞行速度直接相关，如果按照 600 km/h(约为 167 m/s)的飞行速度，则 1 ms 的时间误差会造成载体 0.167 m(合成)的位移，因此在高动态条件下必须将时间同步误差控制在一定范围内。

高动态条件下的 GNSS 动态定位检定系统时间同步流程，如图 3.13 所示，时间系统统一采用 UTC 时刻。

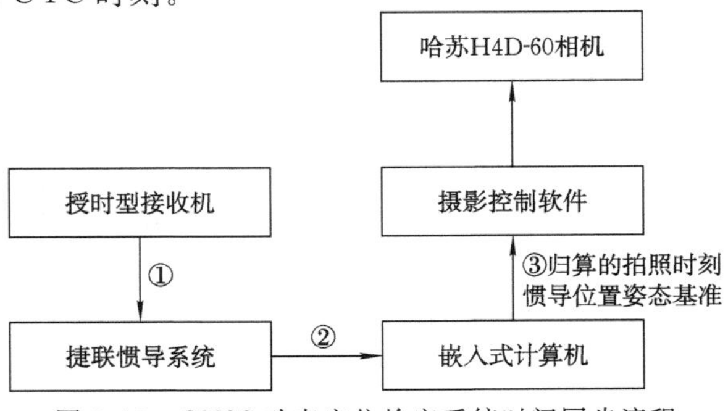

图 3.13　GNSS 动态定位检定系统时间同步流程

3.6.1　激光捷联惯导定位时刻与UTC时间的同步方法

6.5节中选用的某型激光捷联惯性导航系统内部的时间同步电路产生惯组秒脉冲，同时捷联惯导系统预留了卫星导航系统秒脉冲输入接口，通过RS232A接口可接入GNSS授时性接收机。当卫星导航系统有效时，1 PPS(pulse per second，秒脉冲)信号的上升沿会触发计数器的整秒计数加1(计数器初始化为0)，在惯性导航系统内部，定时器负责控制同步采样/保持电路工作，对6路陀螺仪和加速度计信号进行模数转换，在输出数字信号时打上定时器的时间标签，同时从计数器中取出整秒计数值作为同步时间标签(如果没有PPS信号，则同步时间标签为0)，这样可以完成两个系统的时间同步。捷联惯组输出的秒脉冲与卫星导航系统秒脉冲时间差不大于0.005 ms，惯导送出的时间信息为UTC时间信息。

利用授时型接收机秒脉冲作为时间基准，即以1 PPS作为捷联惯导的外部时标，用1 PPS与捷联惯导进行时间同步。1 PPS是一个电平信号，高电平表示有脉冲输出(有时也以低电平表示脉冲输出)，低电平表示没有脉冲输出。

在取得有效导航解的情况下，1 PPS的上升沿时刻与BDS时刻之差在5 ns以内，与串口输出的数据中$BDZDA语句中的UTC时刻之差在1 μs以内。

在接收到UTC校正信息之前，捷联惯导串口输出OEM板内部时钟时间(精度要差)。根据卫星授时原理，可用卫星小于4颗时无法解算钟差参数，所以此时OEM板输出的也是OEM板内部的时钟时间。只有在可用卫星大于等于4颗时，才可以解算出钟差参数，对OEM板内部时间进行校正，这样串口输出的才是精确时刻。在利用授时型接收机授时时，要对接收机工作状态实时监控，在没有UTC校正数据时，其授时精度较低，授时数据不可用。

3.6.2　嵌入式计算机与UTC时间的同步方法

由选用的激光捷联惯性导航系统对嵌入式计算机授时，通过捷联惯导输出的高精度UTC整秒时刻和嵌入式计算机的高精度计数实现，可采用研华PCM9389嵌入式PC104工业级板卡，主要配置为千兆网卡、1.66 GHz处理器、1 GB内存，可外接SATA硬盘。采用QNX6实时操作系统，复合航空应用标准。中断响应时间约10 μs(可保证)，操作系统TICK时间为1 ms。支持标准C编程和调试，支持FTP/SSH等网络接口。计算机时间戳时间：自由运行的64位计数值，纳秒级分辨率，是系统时间测量的基础。运行时主要比对计算机时间与GNSS信号的下降时间(top of descent，TOD)的差，通过时间戳中断方式实现微秒级测量，以保证相机快门控制和LED闪光灯的控制。

3.6.3　高分辨率相机摄影时刻精确记录方法

动态定位检定系统进行多节点摄影/惯导组合测量时主要利用经归心的摄影测量交会定位结果，因此需要记录摄影测量的精确时刻。系统设计由嵌入式计算机时间控制触发相机进行拍照，哈苏 H4D-60 相机的最小快门速度参数为 1/800 s，即相机快门打开、关闭的时间间隔约为 1.25 ms，即快门打开后 1.25 ms 左右的时间内，被拍摄区域内所有物体的影像均被记录在相机 CCD 上，如果按照 600 km/h 的飞行速度，则 1.25 ms 的时间误差会造成载体 0.209 m(合成)的位移，因此快门速度慢会导致地面标志图像模糊(图像拖影)。图像模糊的影响将在 4.3.6 小节中进行分析，图像模糊理论上不影响标志图像中心的量测精度。

问题的难点是从控制指令触发到相机机械快门会有一定的时间延迟，但经过相机快门打开延迟时间检测试验发现，相机机械快门延迟参数不稳定，每次相机快门打开时刻的延迟差值为几十毫秒，难以通过系统改正数进行延迟参数的改正，导致单纯利用拍摄指令触发机械快门进行相机拍照的时刻记录误差将达到几十毫秒。在载体飞行速度 600 km/h 条件下，仅仅由相机拍照时刻的记录误差将对摄影测量交会定位造成几米的位移(综合影响)，难以满足系统设计需求。因此，必须考虑其他方案解决摄影时刻的精确记录问题。摄影测量交会定位性能决定着多节点摄影/惯导组合测量性能(见第 6 章)，因此摄影时刻的精确记录问题是影响动态定位检定系统性能结果的关键因素之一，检索国内外文献对摄影测量时刻的精确记录方案研究较少，这里给出设计的两种解决方案。

1. 基于液晶快门的摄影测量时刻精确记录

如图 3.14 所示，液晶快门左右两侧为正交安置的偏振片，中间为液晶层。当外加电压为 −5 V 时，通过左侧偏振片的偏振光经液晶层后旋角为 0，由于左右偏振方向正交，能够遮挡住外界光线通过液晶快门进入相机。当外加电压为 +5 V 时，液晶对通过左侧偏振片的偏振光旋角为 90°，与右侧偏振方向一致，光线能够通过液晶快门进入相机。当控制电压为零时，液晶快门处于自由状态。偏振片与液晶材料组成的液晶快门具有很好的响应速度，经量测，开门和闭门的延迟均小于 0.2 ms。设计在相机镜头前加装液晶快门，通过控制加载在液晶快门上的正负电压的时间实现相机拍照时刻的精确记录。信息工程大学在“GPS 接收机综合检定场”项目中利用较差摄影定位法进行车载动态定位检定时曾采用了该方案。

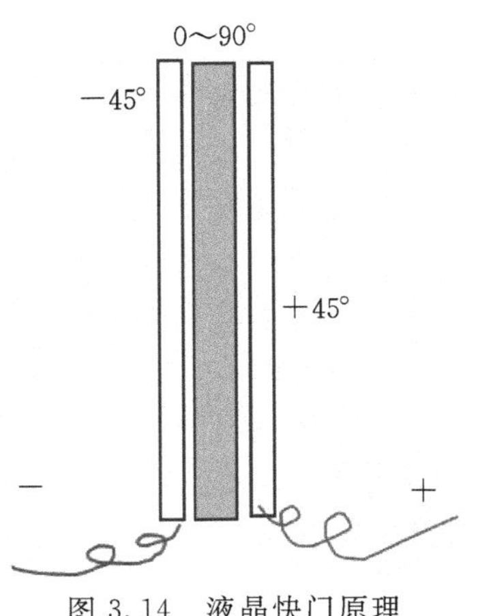

图 3.14　液晶快门原理

液晶快门在开、关门时的通光比为 300∶1，因此为减弱液晶快门关门时的弱光影响，设计利用时间逻辑、机械帘栅与液晶快门组成的组合快门，其基本工作时序如图 3.15 所示。在预计拍照时刻提前触发拍照指令(快门短路)，此时相机机械快门经一定延迟后打开，液晶快门电压为正，外界光线无法进入镜头，在预定拍摄时刻前 0.5 ms 为液晶快门加负电压(记录时刻)，过 0.3 ms 为液晶快门加正电压使光线无法通过镜头。利用图 1.5 所示液晶快门延迟测试仪对液晶快门时间延迟进行测定，其时间延迟量稳定在 0.392 ms 左右，20 次试验的延时标准差为 0.013 ms，因此中央摄影拍照时刻记录精度能够优于 0.1 ms，由此导致的位置记录误差为 0.016 7 m 左右(飞行速度 600 km/h 条件下)。

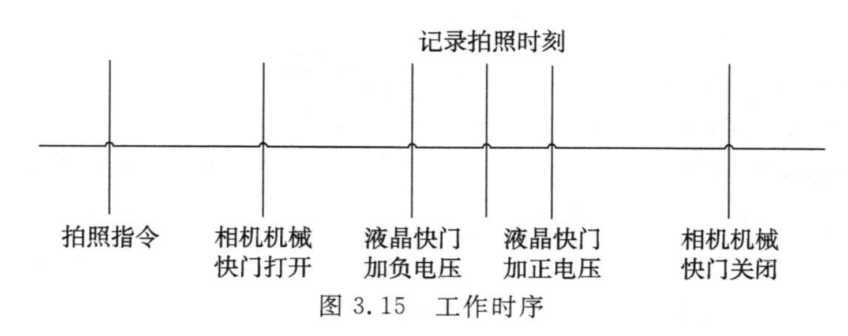

图 3.15　工作时序

该方案针对漫反射标志和回光反射标志均可使用，如夜晚使用则需要地面照明的配合。

2. 基于高速闪光时刻的摄影测量时刻精确记录

考虑到回光反射标志具备高反射性能，可以采用进行瞬时曝光实现回光反射标志周边目标的“消隐”。如果曝光时间足够短，则可利用光敏感器记录闪光的精确时刻，并利用授时型接收机输出的秒脉冲进行时间记录。闪光时间指闪光灯从开始发光到第二次到达半峰值的时间长度，闪光灯真正的发光时间约为闪光时间的 3 倍(熊发田，2008)。当闪光持续时间设计为 1/10 000 s，如能精确记录闪光时刻则可以实现摄影时刻的精确记录，误差最大为 1/10 000 s。根据这种方法的特点，将该方法命名为基于高速闪光时刻的摄影测量时刻记录方法。

相机与摄影标志的距离影响到达相机的光照度，为满足远距离(200 m)条件下摄影测量标志的采用的设备实现，可选用的大功率闪光灯，如图 3.16 所示。其依赖非稳态气体放电，放电初始阶段，在强轴向电场及高压触发脉冲作用下气体被击穿，形成火花通道。通过放电使触发丝附近石英管内壁产生电离通道，放电通道电弧横截面积大小由输入能量(电容和电压)决定，在瞬态过程灯具有火花放电性质。在后阶段，脉冲灯的行为可近似用一电阻来表示，输入灯中的能量通过辐射和热传导而损失掉，电场强度减小使电子温度降到与气体温度相接近，最后由于输入的功率减小到不足以克服放电通道内的损耗，放电熄灭，闪光时间与闪光强度的变化关系如图 3.17 所示。

图 3.16　大功率闪光灯

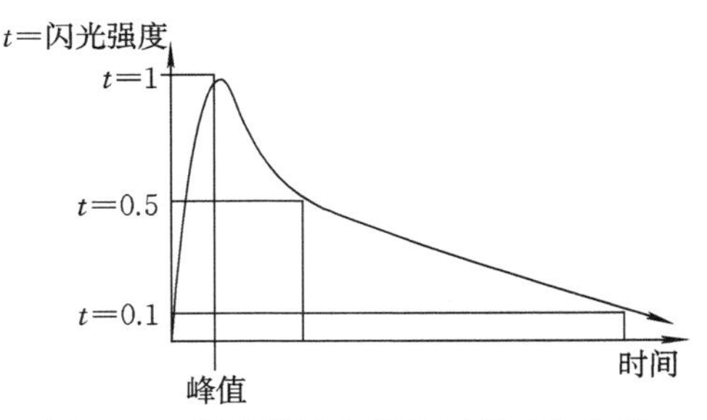

图 3.17　闪光强度与闪光时间变化关系

图 3.18 为利用光敏感器件搭建的曝光时间测量板，光敏感器利用光敏元件将光信号转换为电信号，测量板将该信号上升沿的时刻进行精确记录。图 3.19 为利用光敏感器测定的闪光信号在示波器上显示，闪光灯曝光时间小于 0.2 ms。

图 3.18　基于光敏感器件的曝光时间测量板

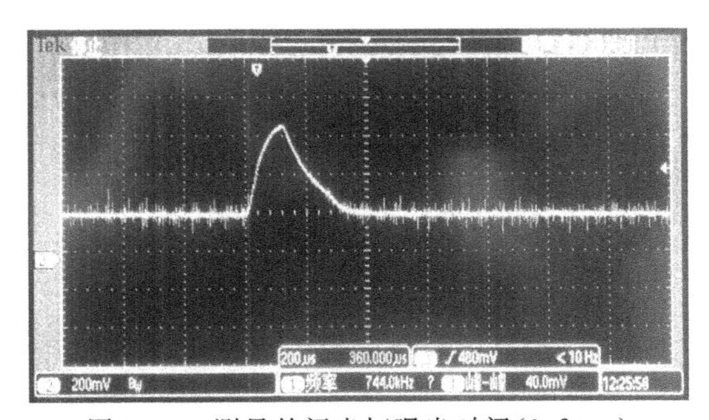

图 3.19　测量的闪光灯曝光时间(0.2 ms)

3.6.4　时间同步精度影响分析

哈苏 H4D-60 相机摄影时刻精确记录只影响摄影测量交会定位的传递精度。考虑授时型接收机对捷联惯导能够实现优于 0.005 ms 的授时精度，捷联惯导能够实现对嵌入式计算机 0.1 ms 的授时精度，利用嵌入式计算机记录的摄影拍照时刻优于 0.2 ms，推算得到拍照时刻与 UTC 的同步精度优于 0.300 5 ms。假设飞机飞行速度为 600 km/h，则 0.300 5 ms 的时间同步误差导致的位置测量误差为 0.05 m。第 4 章和第 5 章对 200 m 航高条件下能够实现优于 0.4 m 的定位精度进行了推证，3.5.4 小节中推算由于位置归心产生的传递误差小于 0.05 m，因此设计的时间同步方案能够满足需对摄影测量交会给捷联惯导的位置传递精度为 0.5 m 的需求。

GNSS 接收机输出 UTC 精度在纳秒量级，误差可忽略不计，捷联惯导与 UTC 的同步精度能够优于 0.005 ms，由于动态定位检定系统的位置信息为经修正的惯导定位信息，因此捷联惯导的时间同步误差小于 1 ms，可忽略不计。

第4章　面向动态定位检定的摄影测量关键技术研究

本书采用多节点摄影/惯导组合测量方法设计GNSS动态定位检定系统，多节点摄影/惯导组合测量方法对摄影测量交会的需求是进行摄影测量设备性能选择、图像量测软件设计、摄影测量交会定位软件设计、外部环境设计的主要依据，这些因素决定了需要对低空摄影测量后方交会性能影响因素进行系统的研究。6.4节将着重说明摄影测量交会定位性能直接决定着多节点摄影/惯导组合测量方法所能实现的性能。本章主要从摄影测量学科的角度出发，结合数字近景摄影测量和计算机视觉的基础理论，从如何提高动态定位检定环境下摄影测量交会性能角度出发，进行摄影测量设备性能选择、相机标交方案设计、摄影标志设计、图像量测软件设计、从定量、定性两个角度详细分析影响摄影测量交会性能的因素。系统地研究影响高动态条件下低空摄影交会测量精度的主要因素及应对方法。

在分析相机传感器尺寸、分辨率、相机结构等对摄影测量交会定位性能影响基础上给出摄影测量性能选择依据；分析内方位元素及畸变差对摄影测量交会性能的影响，在总结目前相机标校方法的基础上，采用回光反射标志及光束法自标校方法实现高分辨率相机的高精度标校工作。

在分析摄影标志对应像点坐标误差对摄影测量交会定位性能影响的基础上，研究并设计漫反射标志和回光反射标志作为摄影测量标志备用方案，并分析各自的特点，从提高量测精度出发对摄影标志尺寸进行设计；编制摄影标志识别及图像中心量测软件，其对像点坐标的量测性能与摄影测量软件VSTARS相当，还具备对漫反射摄影标志的处理能力。

详细分析标志图像椭圆偏心差、图像模糊、地面标志中心位置测定误差对摄影交会性能的影响；为进行位置和姿态的传递，提出一种基于摄影测量方式的相机投影中心位置精确测定方法，一体化实现控制点标志图像中心量测、高精度相机标校与投影中心精确测定三项工作，投影中心位置测定精度优于5 mm；对相机色差影响进行分析；对地面标志数量及构型进行设计。为验证摄影相机性能选择、摄影标志设计、相机标校方案、量测软件设计等对提高摄影测量交会性能情况与理论分析的一致性，第5章将开展实际的摄影测量后方交会性能验证试验。

4.1 摄影测量设备性能选择

数码相机的性能指标有影像传感器尺寸、像素尺寸、分辨率、镜头主距、畸变、相机结构稳定性、噪声等，这些性能指标都在不同程度上影响摄影后方交会性能，本节通过分类分析进行动态定位检定系统使用的摄影相机性能选择。

4.1.1 影像传感器尺寸及分辨率

相机分辨率指影像传感器拥有的像素数量，是数码相机最重要的性能指标(乔瑞亭 等,2008)，直接影响着图像质量。在数字近景摄影测量中，相机分辨率直接影响像点坐标的量测精度，决定了摄影测量的理论相对测量精度，参照全站仪水平角和垂直角定义分析像点坐标对摄影交会定位精度的影响，此时摄影测量交会定位的观测量可转化为地面标志对应像点到像底点的方向。如图 4.1 所示利用像点像坐标 (x,y) 和主距值可以得到摄影光学系统水平角 α 和垂直角 β 的定义如式(4.1)所示。

$$\left.\begin{aligned}\alpha &= \arctan\left(\frac{x}{f}\right)\\ \beta &= \arctan\left(\frac{y}{f/\cos\alpha}\right)\end{aligned}\right\} \tag{4.1}$$

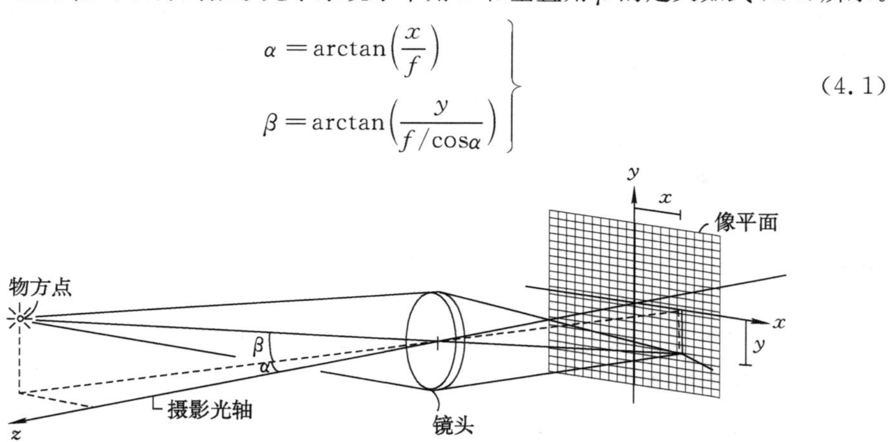

图 4.1 像点坐标与角度的对应关系

设定像点坐标 (x,y) 的量测误差为 $(\delta x,\delta y)$，则水平角和垂直角的测量误差 $\Delta\alpha$、$\Delta\beta$ 为

$$\left.\begin{aligned}\Delta\alpha &= \arctan\left(\frac{x}{f}\right)-\arctan\left(\frac{x+\delta x}{f}\right)\\ \Delta\beta &= \arctan\left(\frac{y}{f/\cos\alpha}\right)-\arctan\left(\frac{y+\delta y}{f/\cos\alpha}\right)\end{aligned}\right\} \tag{4.2}$$

角度值的相对测量精度为

$$\left.\begin{aligned}l_\alpha &= \Delta\alpha/\alpha\\ l_\beta &= \Delta\beta/\beta\end{aligned}\right\} \tag{4.3}$$

由式(4.2)和式(4.3)可以看出，提高标志中心对应像点坐标量测精度相当于

提高了光学系统水平角和垂直角的相对测量精度，在摄影测量网型结构足够强和多余观测足够多的情况下，标志图像像点坐标的量测精度与图像尺寸的比是理论相对测量精度，可以等效于物方点测量精度和被测目标尺寸的比。因此，分辨率越高的数码相机，其理论上的相对测量精度会更高。

与分辨率密切相关的两个指标是影像传感器尺寸和像素尺寸，影像传感器尺寸越大、像素尺寸越小，则分辨率越高。像素尺寸越小，相机空间分辨率越高，成像越清晰，但像素过小会缩小单个像敏单元上的感光区域，降低饱和信号，易导致高光溢出，影响成像质量（Labelle et al，1995）。因此像素尺寸不能太小，目前专业数码相机单个像素尺寸为 6 μm×6 μm 左右，普通非专业型为 3 μm×3 μm 左右。

由式（4.2）和式（4.3）可知，提高 α、β 数值也可以提高相对测量精度。方法有两个：一是选用大尺寸的 CCD，在镜头焦距一定的情况下，影像传感器尺寸越大则视场角越大；二是缩小主距（近似等于焦距，但概念不同），在 CCD 尺寸一定的条件下，主距越小则视场角越大。另外，主距标定误差相同的情况下，主距越小则会使摄影交会定位精度主距方向的测量精度越差（见 4.2.1 小节），因此主距的数值要合理选择。在条件允许下，相机 CCD 尺寸越大越好。

综上所述，摄影交会测量采用的数码相机应尽量选择大尺寸 CCD、高相机分辨率，像素尺寸适中；在主距测定精度较高情况下，选择尽量小的主距以增大摄影视场，此时在控制点分布合理和像点坐标提取精度相同的情况下，角度相对测量精度越高，能提高摄影测量交会定位精度。

4.1.2　相机结构稳定性

为满足共线条件及相机标校参数的稳定性，应保持相机成像光路的稳定，即需保持相机本身内部结构的稳定性，包括镜头内各镜片之间、镜头与机身、影像传感器与机身的相对位置关系，这些因素会使相机内参数（主距、主点位置、畸变）发生改变，影响共线条件方程的成立（Robson et al，1998；Rieke-Zapp et al，2008）。专业测量型相机是为测量目的进行设计的，采取多项措施保持相机整体结构的稳定。非量测型相机主要为满足摄影需求，并非为摄影测量目的设计，对几何安装精度要求不苛刻，比专业测量型相机稳定性较差。

相机镜头有变焦镜头和定焦镜头。变焦镜头的焦距可以进行调整，其在镜头中增加了活动透镜来使拍摄的物体清晰；定焦镜头的焦距是固定的。选用定焦镜头可以更好保持内参数的稳定性（张德海 等，2009），但定焦镜头一般也有调焦和自动对焦功能。目的是通过改变透镜与成像面（影像传感器）之间的距离，使影像清晰，动态检定时设计拍摄距离为 200 m 左右，可以认为是无穷远目标，为保持参数的稳定，需将镜头调焦到无穷远并将调焦功能固定，成像的清晰程度可通过光圈和快门的调节实现。

量测相机一般通过固定措施将镜头与机身固定，如图 4.2 和图 4.3 所示。为保持镜头通用和便于拆装，普通数码相机镜头与机身之间多采用卡口连接，这种连接方式稳定性低，极易由镜头自重（哈苏 35.8 mm 定焦镜头质量为 975 g）引起镜头倾斜，相机姿态发生变化时，镜头倾斜的方向和程度也随之改变，造成相机内参数不稳定，因此需对连接部位采取加固措施。相机姿态细微变化会导致镜头光轴方向发生改变，造成相机内参数不稳定，尽量在实际工作状态条件下进行相机的标校工作。相机标校工作完成后，应禁止拆装镜头及禁用相机的自动除尘功能（对CCD 前红外滤镜施加超声波振动，去除滤镜表面的顽固尘屑，会造成影像传感器的微小移位），避免对相机施加过大的震动，对动态检定平台采取必要的减震措施。

图 4.2　INCA3 量测型相机

图 4.3　INCA3 量测型相机对镜头的固定措施

中高画幅非量测相机常采用机身与数码后背分离的组合方式，不是刚性连接，将影像传感器封装在数字机背中，机身与机背的连接通常也不甚牢固，影像传感器与相机机身的连接也可能不牢固，需要采取加固措施。

因此在选用普通数码相机进行相机标校和测量任务前，需要采取如图 4.4 所示的几点措施。最好每次摄影测量任务前对相机进行标校，相机标校后尽快实施测量任务，测量任务结束后对相机进行二次标校，通过相机标校参数的稳定性检核相机结构的稳定性，以确定摄影测量数据是否可信。

相机结构稳定性原因及措施

①镜头各镜片间相对位置关系：采用固定焦距镜头、调焦环锁定

②镜头与机身卡口连接稳定性：固定措施、镜头近似垂直状态下的相机标定

③CCD与机身的稳定性：固定措施

图 4.4　影响相机稳定性的原因及措施

4.1.3　相机内部噪声

地面标志对应像点坐标的量测精度直接关系摄影测量后方交会精度，是摄

影测量的基本观测量，计算机对图像处理的主要依据是标志图像的灰度分布。理想情况下，各像素灰度值与相应像敏单元上接收的光子数严格对应，但由于成像过程中的噪声影响，灰度值与光子数之间的对应关系并不准确。成像噪声的存在会影响标志图像的边缘探测精度，从而降低标志中心像点坐标拟合精度，成像噪声包括暗电流、散粒噪声和复位噪声等（Mullikin et al，1994；冯其强，2010）。

（1）暗电流：由像敏单元半导体的热激发产生，在无入射光（黑暗）条件下仍能输出电信号，降低影像传感器温度能有效抑制暗电流的产生。

（2）散粒噪声：在光敏单元上，光子到达和吸收的过程具有随机性。

（3）复位噪声：前置放大器将像敏单元传出的电荷信号转换为电压电平，各像敏单元电荷读出后，放大器应该清零，但很难严格清零，之前电荷信号会叠加到后续信号中，引起复位噪声。

因此，应尽量用制造工艺和品质较高的相机，这样的相机成像噪声低、信噪比低，对像点测量量测的干扰小。此外还有研究认为，CCD 的预热（测量工作开始提前打开相机）能够减少系统误差（冯文灏，2002）。

4.1.4　结论

根据上述分析，应选用大尺寸 CCD、高相机分辨率、像素尺寸适中、结构稳定性好的高品质相机，在主距测定精度较高情况下，选择尽量小的主距以增大摄影视场。在研究过程中选用哈苏 H4D-60 相机（图 4.5）作为摄影测量相机，该相机是目前中高画幅相机中 CCD 尺寸和像素数较大的，且其 CCD 制造品质较高，传感器（CCD）尺寸为 40.2 mm×53.7 mm，有效像素数为 6 000 万（6 708×8 956＝6 007.684 8 万），单个像素尺寸为 5.994 μm。高质量的镜头意味着高质量成像和小的图像畸变差，综合考虑增大视场角和减小主距测定误差的影响，选用 35.8 mm 固定焦距镜头，如图 4.6 所示，镜头参数如表 4.1 所示。

图 4.5　哈苏 H4D-60 数码相机（配 35.8 mm 焦距镜头）

图 4.6　哈苏 HC3.5/35 mm 镜头

表 4.1 采用的哈苏 HC3.5/35 镜头主要参数

焦距	35.8 mm
光圈范围(F)	3.5～32
视场角度(对角/水平/垂直)	86°/74°/59°
滤片口径	95 mm
镜片设计	11 片 10 组
质量	975 g
体积(长度/直径)	124/10 mm

图 4.7 为无入射光条件下哈苏相机拍摄图像灰度值，各像素值均为 0，说明哈苏 H4D-60 相机制造工艺水平较高，成像噪声较小。

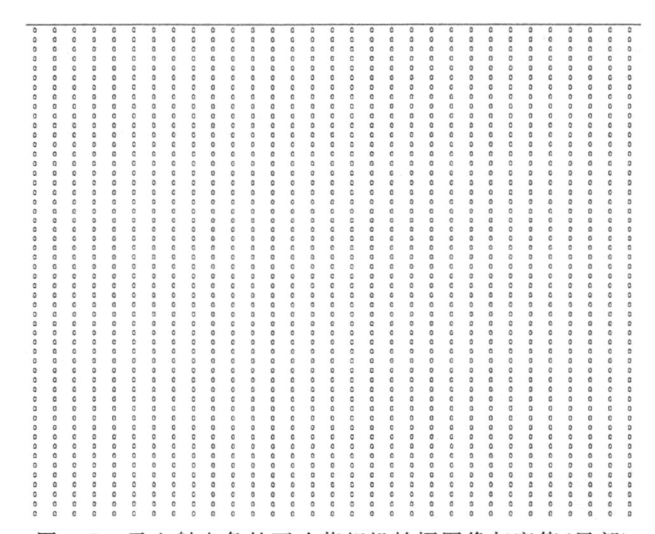

图 4.7 无入射光条件下哈苏相机拍摄图像灰度值(局部)

为保持相机参数的稳定性，采用人工对焦模式，将镜头调焦到无穷远，采取固定措施，后面的仿真和试验均基于哈苏 H4D-60 相机进行。

4.2 高分辨率相机高精度标校方法

几何光学的成像关系奠定了解析摄影测量学的理论基础，其把所摄像片归结为所摄物体的中心投影，实质就是“三点共线”理论，即像点、投影中心与物点在同一条直线上。解析摄影测量根据“三点共线”理论建立了常规摄影测量学的基本理论(王之卓，1979)，数字摄影测量沿用了解析摄影测量的整套解算理论。摄影测量后方交会是摄影测量基本问题之一(单像空间后方交会)：通过利用若干控制点及其对应像点坐标求解摄站的外方位元素(位置和姿态)，诸多文献对其基本原理进行了详细介绍(Sharp et al，2001；Shakemia et al，1999，2002；王伟，2001；王莹，

2001;尚洋,2006)。

"三点共线"理论只是对其成像过程的合理简化后的成像模型,实际摄影光线通过镜头的成像过程是复杂的。"三点共线"如图 4.8 所示,摄影时物点 P、镜头中心 S、像点 p 三点位于同一直线上。像片内方位元素(x_0、y_0 和 f)的准确性和相机畸变(主要是镜头和影像传感器)的存在均会影响共线条件的成立(Xiong et al, 1997)。本节主要分析内方位元素和相机畸变对摄影空间交会定位性能的影响。

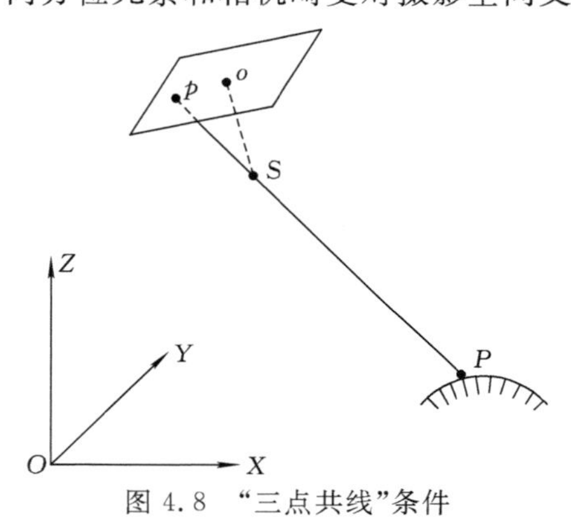

图 4.8　"三点共线"条件

4.2.1　内方位元素对摄影后方交会性能的影响分析

像片的内方位元素为像主点坐标(x_0,y_0)和主距 f,能够确定投影中心在像空间坐标系中的位置。

如果采用的内方位元素有偏差,会导致像点坐标计算值产生偏移,此时影响共线方程的成立,进而影响摄影测量单像空间后方交会定位的精度。如果主距有误差 Δf,加上像主点的误差(x_0,y_0),则相应的像点坐标偏差为

$$\left.\begin{aligned}\Delta x_n &= -x_0 - \frac{\bar{x}}{f}\cdot\Delta f\\ \Delta y_n &= -y_0 - \frac{\bar{y}}{f}\cdot\Delta f\end{aligned}\right\} \tag{4.4}$$

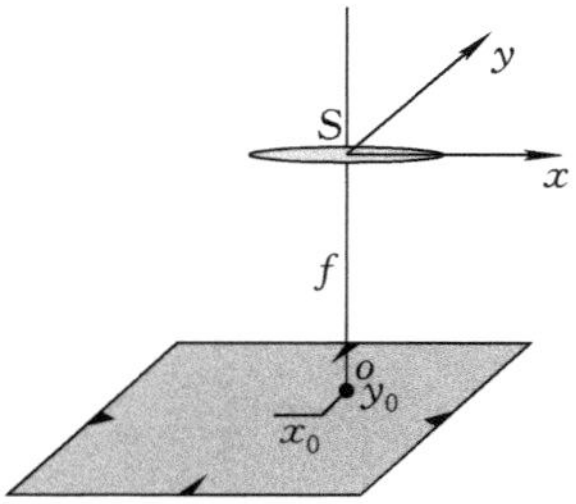

图 4.9　内方位元素

根据共线方程式(2.23),可计算得到内方位元素存在时的共线条件方程式为

$$\left.\begin{aligned}x - x_0 - \frac{\bar{x}}{f}\cdot\Delta f &= -f\,\frac{a_1(X-X_S)+b_1(Y-Y_S)+c_1(Z-Z_S)}{a_3(X-X_S)+b_3(Y-Y_S)+c_3(Z-Z_S)} = -f\,\frac{\bar{X}}{\bar{Z}}\\ y - y_0 - \frac{\bar{y}}{f}\cdot\Delta f &= -f\,\frac{a_2(X-X_S)+b_2(Y-Y_S)+c_2(Z-Z_S)}{a_3(X-X_S)+b_3(Y-Y_S)+c_3(Z-Z_S)} = -f\,\frac{\bar{Y}}{\bar{Z}}\end{aligned}\right\} \tag{4.5}$$

1．像主点坐标对摄影测量交会性能的影响

本节将进行像主点坐标对摄影测量交会精度影响的分析，为使仿真试验情况与实际情况一致，在完成摄影测量设备性能选择后，应进行摄影航高的设计。根据4.1.1小节中分析在像点坐标量测误差一定的条件下，由式(4.2)和式(4.3)可看出，提高α、β数值可以提高相对测量精度。在摄影测量设备CCD尺寸和焦距确定的情况下，可以通过降低航高以增大视场角，从而可以提高角度值的相对测量精度，以实现提高摄影测量交会性能的目的，即航高越低则越有利于提高摄影测量交会性能。3.3.1小节动态定位检定系统载体选择一节中介绍了某型军用飞机在200 m左右航高的高速飞行，在降低航高与飞行安全的情况下，可设计200 m航高作为动态定位检定时的飞行高度。

仿真条件如图4.10所示，1～9号点为地面标志点坐标，O点为摄站在地面的投影，摄站的6个外方位元素为160 m、120 m、200 m、1.145 9°、2.864 8°、0.286 5°，像主点(x_0，y_0)坐标为(0,0)，主距为35.8 mm，根据共线条件方程式(2.23)，仿真地面点对应的无误差像点坐标如表4.2所示。

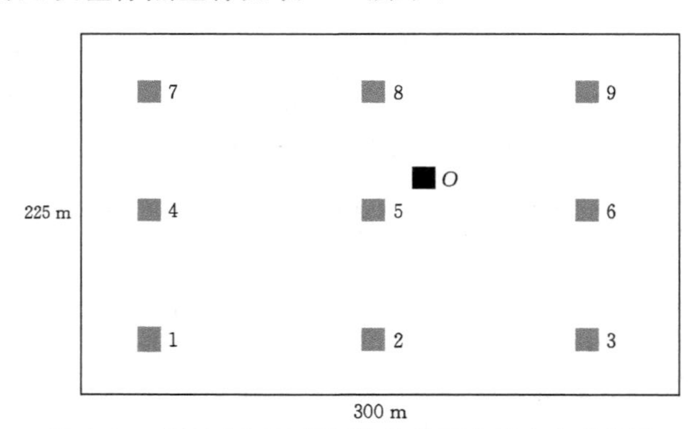

图4.10　摄站(在地面投影)及地面点标志仿真位置

表4.2　地面标志及对应像点仿真坐标

点号	本地坐标系/m			像点坐标/m	
	东	北	天	x	y
1	25	25	0	−0.025 974 012 842 616	−0.019 373 068 627 462
2	25	112.5	0	−0.025 316 808 794 303	−0.003 032 103 752 944
3	25	200	0	−0.024 688 200 749 826	0.012 597 839 490 747
4	150	25	0	−0.002 669 321 770 756	−0.019 262 545 697 292
5	150	112.5	0	−0.002 532 147 459 605	−0.003 128 886 747 117 9
6	150	200	0	−0.002 400 868 597 490	0.012 311 383 161 745
7	275	25	0	0.020 045 434 034 785	−0.019 154 820 546 077
8	275	112.5	0	0.019 688 252 170 598	−0.003 223 272 912 281
9	275	200	0	0.019 346 235 147 260	0.012 031 870 321 782

经过仿真，为像主点分别加入 10 个像素、20 个像素、30 个像素的随机误差，分别进行 100 次试验。经过对结果的分析，其对后方交会定位的精度影响可以忽略不计。其主要原因是：像主点的变化等效于相机位置平移等效距离对投影中心位置的影响，由于焦距/拍摄距离的值为 0.000 179，因此在远距离拍摄时投影中心位置和姿态的解算精度受像主点的影响较小。

2. 主距变化对摄影测量交会精度的影响

主距不同于焦距，主距 f 是摄影物镜后节点到像平面的垂直距离，焦距 F 是物镜后主点到焦点的距离，只有精确测定主距才可能保证摄影交会定位的精度。理论上主距 f 对摄影交会定位精度的影响主要在主距方向的定位精度，其影响关系可从下式得出，即

$$\frac{\Delta f}{f}=\frac{\Delta l}{l} \tag{4.6}$$

式中，l 为归算到摄影主距方向上的距离。

为分析实际情况下主距变化对摄影交会定位精度的影响，对 4.2.1 中第 1 小节仿真数据添加主距误差进行分析。主距变化对摄影交会定位精度的影响如图 4.11 所示，具体数值如表 4.3 所示。

表 4.3　主距变化对摄影交会定位精度的影响

主距变化/mm	ΔX_S/m	ΔY_S/m	ΔZ_S/m	$\Delta\varphi$/(″)	$\Delta\omega$/(″)	$\Delta\kappa$/(″)
−0.05	0.011 149 8	0.027 991 9	−0.278 228 4	−5.784 209 1	−14.521 450	−0.000 108 5
−0.01	0.002 231 7	0.005 602 0	−0.055 645 4	−1.156 807 4	−2.903 572 1	−0.000 021 6
0.01	−0.002 231 0	−0.005 602 3	0.055 644 9	1.156 889 4	2.905 374 9	0.000 021 9
0.02	−0.004 463 3	−0.011 206 8	0.111 289 8	2.313 736 7	5.809 850 2	0.000 043 7
0.05	−0.011 163 9	−0.028 029 7	0.278 223 3	5.784 274 3	14.523 283 1	0.000 109 0
0.10	−0.022 343 9	−0.056 099 2	0.556 442 1	11.568 489 0	29.045 692 9	0.000 218 0

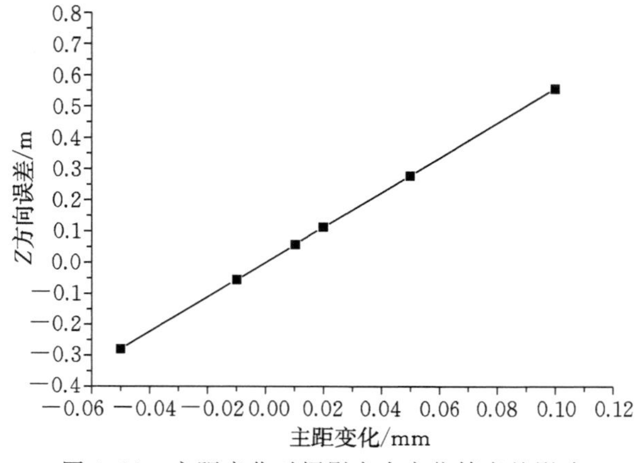

图 4.11　主距变化对摄影交会定位精度的影响

从表4.3仿真数据可以看出，主距的变化主要影响主距方向的定位误差，在近垂直摄影测量的情况下，主距误差主要影响天方向的定位精度，其余两个方向的误差较小。为保证每个方向上由于主距变化导致的摄影交会定位精度低于6 cm，应使主距的测定的误差优于0.01 mm，此时对姿态角的测量结果影响在15″以内。

3. 相机主距变化的主要原因及措施

由上节分析可见，主距数值的精确性对提高摄影交会定位精度有重要意义。经过分析发现，导致主距变化的主要原因有相机结构稳定性、相机标校误差、摄影测量设备热胀冷缩等。相机结构稳定性的影响已在4.1.2小节中详细讨论，相机标校误差主要受相机标校模型、标校场条件及标校软件性能影响，这里先讨论主距受相机热胀冷缩的影响。

热胀冷缩指的是温度会改变物质里的粒子的运动程度。如果温度增加，粒子振动幅度会增大，导致物体膨胀；如果温度降低，粒子振动幅度会减少，物体会缩小(柳福提，2007)。热胀冷缩现象会导致相机主距在不同温度条件下发生变化。表4.4列出了几种典型材料的性能参数(苗健宇 等，2008)。

表4.4　镜头常用典型结构材料参数

材料名称	密度 $(\rho/\mathrm{g\cdot mm^{-3}})$	热导率 λ $/(\mathrm{W\cdot m^{-1}\cdot ℃})$	热膨胀系数 α $/(10^{-6}\mathrm{m}\cdot ℃^{-1})$ $(-60℃\sim+120℃)$
铝合金7A09	2.8	142	23.8
钛合金	4.44	7.4	9.1
铸钛合金ZTC4	4.40	8.8	8.9
碳纤维复合材料	1.8	纵向70 横向8.5	0～1

测量型相机常选用钛合金或铸钛合金作为镜筒的结构材料，其热膨胀系数与透镜材料相当，不易变形，热膨胀系数较小，且要求测绘相机在轴向温差±1℃、径向温差±0.3℃的环境下工作，温差要求严格。哈苏相机机身及镜头由合金制成，参照铝合金的热胀冷缩系数是23.8×10^{-6}m/℃。采用的哈苏相机镜头焦距标称值为35.8 mm，因此可以根据热胀冷缩系数和镜头主距值概略计算温度变化1℃时可能导致的主距变化值为

$$f'=(23.8\times10^{-6}\mathrm{m/℃})\times(3.58\times10^{-4}\mathrm{m})\times1℃=8.52\times10^{-7}\mathrm{m}\quad(4.7)$$

经过4.2.1中第2小节对主距测定误差影响的分析，主距测定误差需优于0.01 mm，因此仅此一项允许的最大温度变化值Δk的计算值为

$$\Delta k=\frac{f}{f'}=\frac{0.01\times10^{-4}\mathrm{m}}{8.52\times10^{-7}\mathrm{m}}=11.737℃\quad(4.8)$$

另外，镜头内还受透镜元器件的热胀冷缩变化影响。由于温度变化导致的影

响不是线性关系，且温度变化对主距变化影响较大，为保证主距测定值与实际动态定位检定时的状态一致，应保持主距测定误差与实际应用情况基本一致，因此需要对动态检定平台增加恒温装置。

4.2.2 相机畸变对摄影后方交会性能的影响分析

因相机镜头中使用的透镜难以加工成标准曲面、各透镜间也无法做得完全同轴、图像传感器表面不平整等，光线通过镜头时将会发生折射。像敏单元尺寸和排列并不完全规则，此时会使标志中心在像平面坐标系中的坐标值出现偏差，使得物点、镜头中心和像点不再共线，干扰了共线条件方程的成立（Robson et al，1998；Remondino et al，2006）；CCD 传感器各感光元（像素）排列得整齐划一，以及传感器表面的平整度，对摄影测量成果质量非常重要（冯文灏，2002）。

相机畸变差为系统误差，无法从硬件上完全消除，只能通过数学模型进行改正以减小其影响。相机检校的效果（精度）在很大程度上取决于相机畸变值的大小及其规律性的强弱，畸变值越小、规律性越强，则检校精度越高，系统的测量精度也越高，这也是本书尽量选用高品质商用相机的原因之一。

4.2.3 高分辨率相机试验场法标校方法

要对相机畸变进行标校，首先要研究相机畸变数学模型，有参数模型和非参数模型两种。参数模型中的畸变参数可用显式数学表达式表示，如多项式模型（李德仁等，2002）、十参数模型（Brown，1971）；非参数模型中则没有确切意义的畸变参数，如有限元模型（Lichti et al，1997；Tecklenburg et al，2001；冯文灏 等，2006）等。

相机标校方法有基于单像空间后方交会和基于多片空间后方交会的相机检校。基于空间后方交会的相机检定又有光学公式法、平行线法和正方形法几种方法，由已知精确坐标的物方空间控制点构成，通过待标校的相机对控制点进行摄影，最后可按照单像空间后方交会或多像后方交会原理来求解其内部参数，此方法称为试验场法标校（Shah et al，1994；王冬，2003；李艺 等，2009；原玉磊，2012；王华 等，2013）。试验场法标定可以通过大量的控制点，利用空间后方交会的原理直接补偿像点坐标的系统差，缺点是需要建立大量的高精度控制点。

4.2.4 高分辨率相机光束法自标定方法

光束法自标定通过将内、外部参数放在一起整体平差计算，可不要控制点，能同时求解内、外部参数，属于间接补偿系统误差。光束法自标定的误差方程式为

$$\left.\begin{aligned} \boldsymbol{V}_1 &= \boldsymbol{A}_1\boldsymbol{X}_1 + \boldsymbol{A}_2\boldsymbol{X}_2 + \boldsymbol{A}_3\boldsymbol{X}_3 - \boldsymbol{L}_1 \\ \boldsymbol{V}_3 &= \boldsymbol{X}_3 - \boldsymbol{L}_3 \end{aligned}\right\} \tag{4.9}$$

式中，$\boldsymbol{X}_1$ 是外部参数、$\boldsymbol{X}_2$ 是物方点坐标，$\boldsymbol{X}_3$ 是内部参数的改正数向量，$\boldsymbol{A}_1$、$\boldsymbol{A}_2$、

$\boldsymbol{A}_3$ 是对应的系数矩阵，$\boldsymbol{L}_1$ 是像点坐标观测量，$\boldsymbol{P}_1$ 是像点坐标权矩阵，$\boldsymbol{L}_3$ 是内部参数虚拟观测量，$\boldsymbol{P}_3$ 是内部参数虚拟观测值权矩阵。

设定

$$\boldsymbol{V}=\begin{bmatrix}\boldsymbol{V}_1\\ \boldsymbol{V}_3\end{bmatrix},\ \boldsymbol{X}=\begin{bmatrix}\boldsymbol{X}_1\\ \boldsymbol{X}_2\\ \boldsymbol{X}_3\end{bmatrix},\ \boldsymbol{L}=\begin{bmatrix}\boldsymbol{L}_1\\ \boldsymbol{L}_3\end{bmatrix},\ \boldsymbol{A}=\begin{bmatrix}\boldsymbol{A}_1 & \boldsymbol{A}_2 & \boldsymbol{A}_3\\ 0 & 0 & \boldsymbol{I}_3\end{bmatrix},\ \boldsymbol{P}=\begin{bmatrix}\boldsymbol{P}_1 & \\ & \boldsymbol{P}_3\end{bmatrix}$$

式(4.9)可简写为

$$\boldsymbol{V}=\boldsymbol{A}\boldsymbol{X}-\boldsymbol{L} \tag{4.10}$$

$$\begin{bmatrix}\boldsymbol{A}_1^{\mathrm{T}}\boldsymbol{P}_1\boldsymbol{A}_1 & \boldsymbol{A}_1^{\mathrm{T}}\boldsymbol{P}_1\boldsymbol{A}_2 & \boldsymbol{A}_1^{\mathrm{T}}\boldsymbol{P}_1\boldsymbol{A}_3\\ \boldsymbol{A}_2^{\mathrm{T}}\boldsymbol{P}_1\boldsymbol{A}_1 & \boldsymbol{A}_2^{\mathrm{T}}\boldsymbol{P}_1\boldsymbol{A}_2 & \boldsymbol{A}_2^{\mathrm{T}}\boldsymbol{P}_1\boldsymbol{A}_3\\ \boldsymbol{A}_3^{\mathrm{T}}\boldsymbol{P}_1\boldsymbol{A}_1 & \boldsymbol{A}_3^{\mathrm{T}}\boldsymbol{P}_1\boldsymbol{A}_2 & \boldsymbol{A}_3^{\mathrm{T}}\boldsymbol{P}_1\boldsymbol{A}_3+\boldsymbol{P}_3\end{bmatrix}\begin{bmatrix}\boldsymbol{X}_1\\ \boldsymbol{X}_2\\ \boldsymbol{X}_3\end{bmatrix}=\begin{bmatrix}\boldsymbol{A}_1^{\mathrm{T}}\boldsymbol{P}_1\boldsymbol{L}_1\\ \boldsymbol{A}_2^{\mathrm{T}}\boldsymbol{P}_1\boldsymbol{L}_1\\ \boldsymbol{A}_3^{\mathrm{T}}\boldsymbol{P}_1\boldsymbol{L}_1+\boldsymbol{P}_3\boldsymbol{L}_3\end{bmatrix} \tag{4.11}$$

在相机结构稳定时，可以认为相机内部参数能够保持较高的一致性，这是进行高精度标校工作的前提。

1. 十参数相机畸变模型

国内信息工程大学对利用十参数模型对相机进行光束法自标定方面进行了较为详细的研究（黄桂平，2005；冯其强，2010；钦桂勤，2011）。十参数模型是应用较多的相机畸变模型，除主距 f 和像主点坐标(x_0,y_0)外，还包含镜头径向畸变、偏心畸变与像平面畸变等参数。

(1)镜头径向畸变会导致像点坐标沿径向发生偏差，可归算到像平面坐标系内，用奇次多项式表示为

$$\left.\begin{aligned}\Delta x_r&=K_1\bar{x}r^2+K_2\bar{x}r^4+K_3\bar{x}r^6+\cdots\\ \Delta y_r&=K_1\bar{y}r^2+K_2\bar{y}r^4+K_3\bar{y}r^6+\cdots\end{aligned}\right\} \tag{4.12}$$

式中，$\bar{x}=(x-x_0)$，$\bar{y}=(y-y_0)$，$r^2=\bar{x}^2+\bar{y}^2$，K_1、K_2、K_3 为径向畸变系数。

(2)偏心畸变会导致像点坐标有径向偏差和切向偏差，可归算到像平面坐标系内，表示为

$$\left.\begin{aligned}\Delta x_d&=P_1(r^2+2\bar{x}^2)+2P_2\bar{x}\bar{y}\\ \Delta y_d&=P_2(r^2+2\bar{y}^2)+2P_1\bar{x}\bar{y}\end{aligned}\right\} \tag{4.13}$$

式中，P_1、P_2 为偏心畸变的系数。

(3)像平面畸变有像平面不平导致的畸变、像平面里的平面畸变两种，能够用多项式来建模并改正，表示为

$$\left.\begin{aligned}\Delta x_m&=b_1\bar{x}+b_2\bar{y}\\ \Delta y_m&=0\end{aligned}\right\} \tag{4.14}$$

式中，b_1、b_2 为像平面内畸变系数。

综上所述，十参数相机畸变模型可表示为

$$\left.\begin{aligned}\Delta x &= k_1\bar{x}r^2 + k_2\bar{x}r^4 + k_3\bar{x}r^6 + P_1(r^2 + 2\bar{x}^2) + 2P_2\bar{x}\bar{y} + b_1\bar{x} + b_2\bar{y} \\ \Delta y &= k_1\bar{y}r^2 + k_2\bar{y}r^4 + k_3\bar{y}r^6 + P_2(r^2 + 2\bar{y}^2) + 2P_1\bar{x}\bar{y}\end{aligned}\right\} \tag{4.15}$$

于是式(2.23)共线条件方程可变为

$$\left.\begin{aligned}x - x_0 + \Delta x &= -f\frac{a_1(X - X_S) + b_1(Y - Y_S) + c_1(Z - Z_S)}{a_3(X - X_S) + b_3(Y - Y_S) + c_3(Z - Z_S)} = -f\frac{\overline{X}}{\overline{Z}} \\ y - y_0 + \Delta y &= -f\frac{a_2(X - X_S) + b_2(Y - Y_S) + c_2(Z - Z_S)}{a_3(X - X_S) + b_3(Y - Y_S) + c_3(Z - Z_S)} = -f\frac{\overline{Y}}{\overline{Z}}\end{aligned}\right\} \tag{4.16}$$

2. 光束法自标校试验

采用光束法自标校原理和十参数相机畸变模型，充分利用回光反射标志，可通过低强度曝光产生高对比度标志图像(准二值影像)，能极大提高标志中心像点坐标量测精度(内符合精度优于 0.02 个像素)，通过在多个位置、多种姿态条件下拍摄的数十幅图片，利用光束法自标定方法实现哈苏相机的高精度标校。

如图 4.12 所示为利用回光反射标志和编码标志建立的相机标校场，反光标志直径为 6 mm，共计 34×16=544 个，编码标志共计 3×7=21 个，摄影距离约为 4 m。哈苏 H4D-60 相机部分参数设置情况：光圈为 22，ISO 为 200，快门速度为 1/800 s，对焦到无穷远，外接环形闪光灯。在 9 不同位置不同姿态拍摄照片 27 张，摄影温度为 19℃，利用信息工程大学研发的 MetroIn-DPM 数字工业摄影测量系统对拍摄图像进行处理，图 4.13 为相机标校摄站分布情况，相机高精度标校结果如表 4.5 所示。

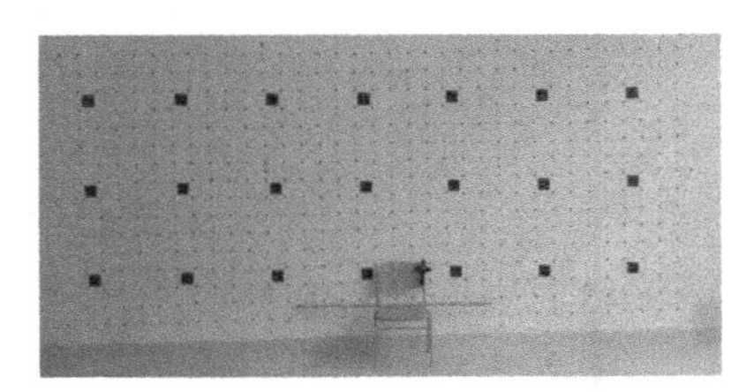

图 4.12　相机标校场

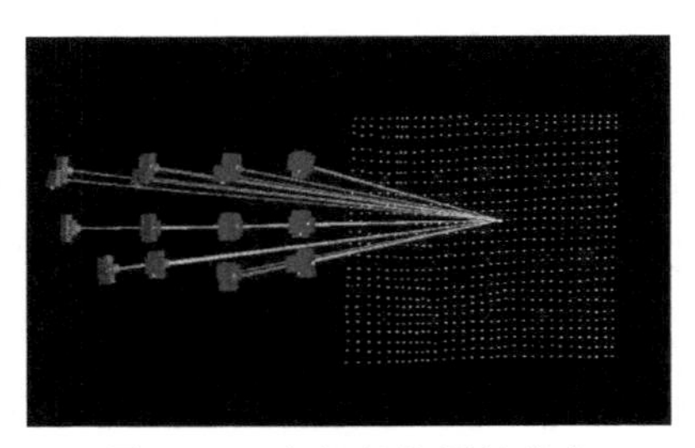

图 4.13　相机标校摄站分布

表 4.5 哈苏 H4D-60 相机标校情况

序号	名称	标校参数	数值
1	内方位元素/mm	f	35.121 53
2		x_0	−0.103 123 4
3		y_0	0.215 228 7
4	径向畸变	K_1	$1.284\,877\times10^{-6}$
5		K_2	$-4.261\,393\times10^{-10}$
6		K_3	$-1.218\,696\times10^{-12}$
7	偏心畸变	P_1	$5.251\,361\times10^{-6}$
8		P_2	$-9.994\,423\times10^{-6}$
9	像平面畸变	B_1	$3.013\,714\times10^{-5}$
10		B_2	$3.632\,285\times10^{-5}$

在相同温度及相机稳定条件下，在同一个标校场进行多次相机标校试验，均得到了满足精度的标校结果，还在三维相机标校场（图 4.14）中进行了标校试验，得到了相对一致的标校结果。

图 4.14 三维相机标校场

为严格保证相机标校精度的稳定性，应尽量保持相机标校环境与检定平台内温度基本一致，保持相机结构的稳定性。为确保相机标校参数在动态检定试验中的稳定性，建议在动态定位检定试验前后均进行相机标校试验，前后标校参数的一致性可以验证相机内参数及畸变参数的稳定性。

此外相机镜头前一般加装紫外线滤光镜（UV 镜），相机安装在动态检定平台内时需要加装光学玻璃片，它们均能影响光线传播的路径，如图 4.15 所示为哈苏相机 95 mm UV 镜及光学玻璃片。UV 镜能够保护镜头以及阻止部分紫外线透过（陈铮 等，2010），UV 镜的加入会导致像点的径向和切向均产生微小的偏移，解决方案将 UV 镜安装到镜头上后进行相机标校工作，将 UV 镜的影响作为系统误差的一部分通过十参数方法进行改正。相机安装在动态定位检定平台内时需要在壳体上开窗并安装光学玻璃片，实际上是由两个相互平行的折射平面构成的光学元件。光学玻璃片是石英硅材质，其透光度、平面度、与镜头的同轴度等均能影响摄影测量效果，解决方法也是加装光学玻璃片进行相机标校试验。

图 4.15　哈苏相机 95 mm UV 镜及光学玻璃片

经过精确标校的数码相机，像点的残差将变为随机性误差，能够消除或大大减弱像点位置系统误差影响。利用该相机标校方案进行的摄影测量精度验证试验将在第 5 章进行分析，所实现的摄影测量交会性能也反过来验证了相机标校的高精度。

4.3　标志图像中心像点坐标高精度量测方法

摄影测量方法的基本观测量是拍摄图像中像点在像空间坐标系中的坐标，对于圆形标志，需要测量的是标志中心对应像点在像空间坐标系中的坐标，实际的图像处理过程是首先根据图像特征利用图像处理算法从图像中识别出标志图像区域，然后利用标志图像中心定位算法获得标志图像中心的像点坐标，将其作为标志中心对应像点的坐标，至此完成了基本观测量的量测工作。摄影测量交会性能除了取决于摄影测量时的几何特征、物理特征和所采用的数学解算模型外，还与计算机视觉中图像特征的自取提取、识别、匹配以及相机标校相关(Cong et al，2015)。高动态条件下低空摄影交会测量带来的图像模糊、时间同步等问题会影响摄影交会方法传递给惯导的位置和姿态精度。下面将就这个过程中涉及的几个问题进行详细分析：

(1)理论上分析标志中心对应像点坐标量测精度对摄影测量交会性能的影响，根据摄影测量交会性能需求为标志中心像点坐标量测进行误差分配。

(2)进行标志场内标志的方案设计，使标志图像特征明显以便于标志图像的识别及提高标志图像中心像点坐标量测精度。

(3)进行标志图像识别算法及标志图像中心像点坐标量测算法的研究，分析算法所能实现的量测精度。

(4)分析将标志图像中心像点坐标近似为标志中心对应像点坐标的影响，分析低空高动态摄影测量条件下椭圆偏心差的影响。

(5)分析相机色差、图像模糊、地面标志中心测定误差对像点坐标量测精度的影响。

4.3.1 标志对应像点坐标误差对摄影后方交会性能的影响分析

4.1.1 小节中直观分析了提高标志对应像点坐标量测精度对提高摄影交会定位性能的重要性，下面通过仿真试验查看标志对应像点坐标误差的影响。

利用 4.2.1 中第 1 小节的仿真数据，分别对仿真像点坐标数据添加量测随机误差（1 倍标准差 (1σ) 分别为 0.5 个像素、1 个像素、1.5 个像素、2 个像素），进行 100 次摄影测量交会仿真试验，查看求解的摄站外方位元素与真值的差异 (ΔX_S，ΔY_S，ΔZ_S，$\Delta\varphi$，$\Delta\omega$，$\Delta\kappa$)，结果如表 4.6 和图 4.16 所示。

表 4.6 像点坐标误差对摄影测量交会性能的影响

像点坐标随机误差 (1σ) /像素	ΔXs /m	ΔYs /m	ΔZs /m	$\Delta\varphi$ /(″)	$\Delta\omega$ /(″)	$\Delta\kappa$ /(″)
0.5	0.184 254	0.206 993	0.035 106	1.108 312	1.265 836	0.155 627
1.0	0.321 465	0.393 46	0.067 671	1.955 91	2.476 397	0.373 261
1.5	0.517 947	0.600 437	0.097 754	3.141 658	3.668 853	0.482 077
2.0	0.585 917	0.638 462	0.144 034	3.543 851	3.942 174	0.701 237

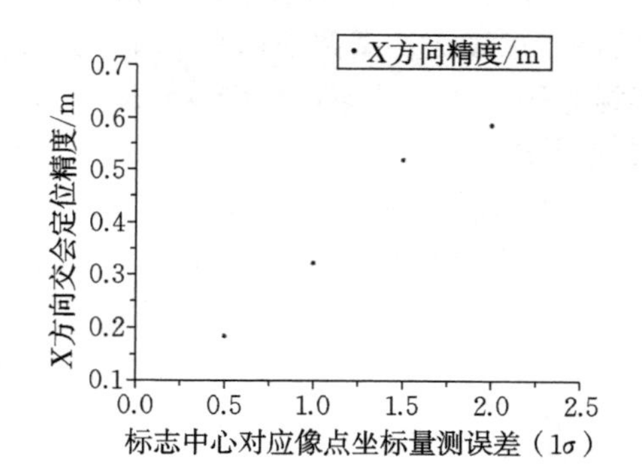

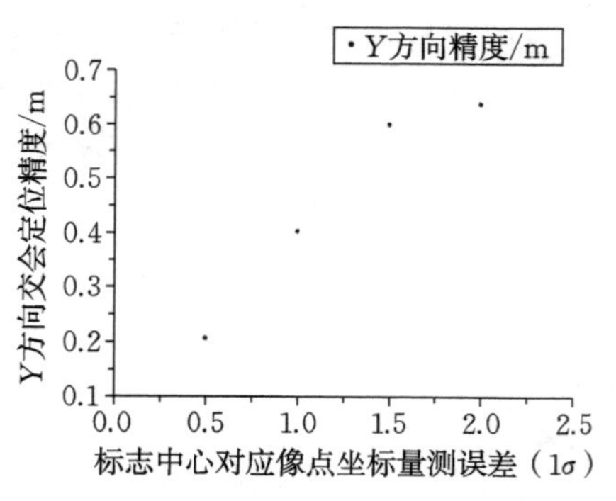

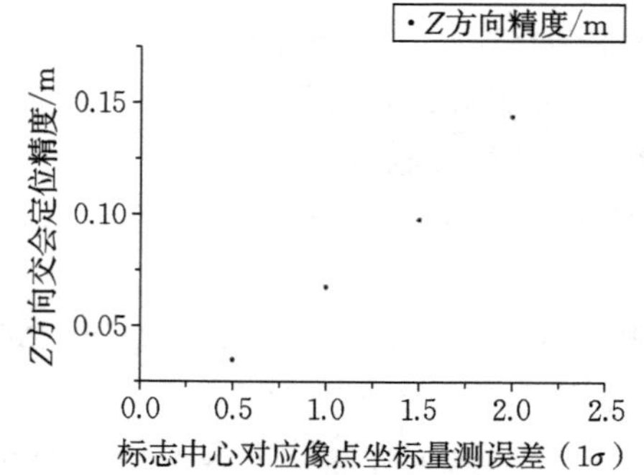

图 4.16 像点坐标量测精度对摄影交会定位性能的影响

从上述数据可以看出，在航高、相机主距、地面标志点布设、摄站位置和姿态均相同的情况下，摄影交会性能随着标志中心对应像点坐标误差的增大而降低，呈反比关系。为保证摄影交会定位精度能够达到 0.4 m 的定位精度，考虑到已为主距标校误差(<0.01 mm)分配 6 cm 的测量误差，应保证量测的像点坐标误差优于 1 个像素，这里面不仅包含像点坐标量测误差，还包括噪声、图像模糊、色差、椭圆偏心差等因素的影响，因此可以为像点坐标量测误差分配 0.6 个像素的误差，其余因素合并 0.4 个像素。这里的像点误差分配并不严格，因为几个误差影响因素的量级很难准确建模或测量，只能用内符合精度评估。这往往只能反映趋势，难以与实际情况吻合，最终评价方法是在相机高精度标校和地面标志合理布设条件下实际摄影测量试验所能取得的精度指标。

4.3.2　两种地面摄影标志设计

合理的标志设计方案可使标志图像特征明显，有利于标志图像的识别及提高标志图像中心像点坐标量测精度。通常制作人工标志作为摄影测量目标，人工标志的质地、形状、尺寸等需要根据动态定位检定环境需要和提高标志中心像点坐标量测精度两方面进行考虑。根据发光情况，摄影标志可分为被动发光标志与主动发光标志。主动发光标志有发光二极管、电灯泡等；被动发光标志通过反射外来光源成像，有漫反射类型和回光反射类型两种，质地可以是纸张、不锈钢、玻璃、塑料等，形状可以是平面甚至球形等(楚万秀，2008；冯文灏，2010)。从提高量测精度的方面考虑，本书采用被动发光标志，如图 4.17 所示为设计的两种摄影标志(白色定位圆尺寸一致，漫反射标志需要较大对比度的背景)，后面试验证明基于两种摄影标志的摄影测量交会精度均满足动态定位检定需求，回光反射标志的像点量测优于漫反射标志，但对远距离的曝光有较高要求，需解决大功率闪光灯的问题。具体方案的选择将根据摄影时刻精确记录装置是选择液晶快门还是高速闪光灯进行对应选择。

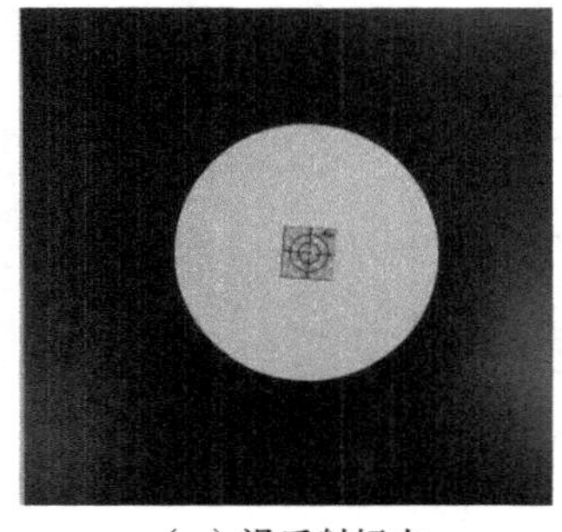
(a) 漫反射标志

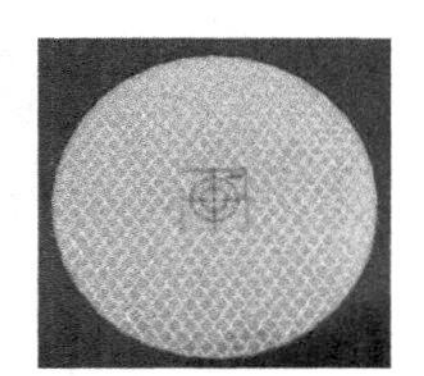
(b) 回光反射标志

图 4.17　两种摄影测量标志设计方案

1. 漫反射(普通黑白)标志

摄影标志的颜色应尽量考虑标志自身颜色与背景颜色有较大反差，以便于利用阈值分割算法实现标志的识别及提高标志边缘量测精度，通过比较多种颜色搭配方案，最终选择采用将白色哑光墙纸制作的圆粘贴在黑色 PP 板(聚丙烯板)上。图 4.18 是拍摄的漫反射标志图像及其灰度值分布情况，从图中可见标志区域灰度值与背景有明显区别。

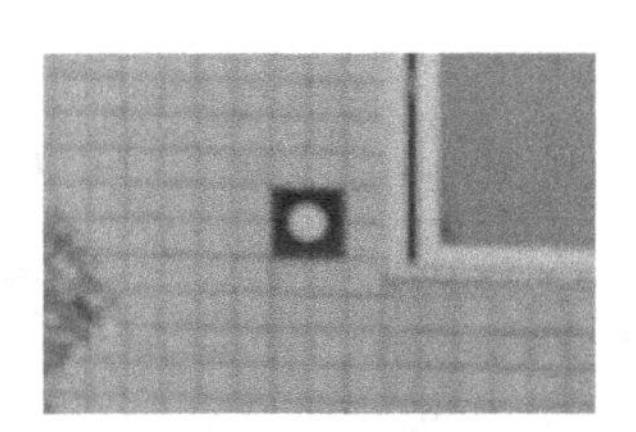

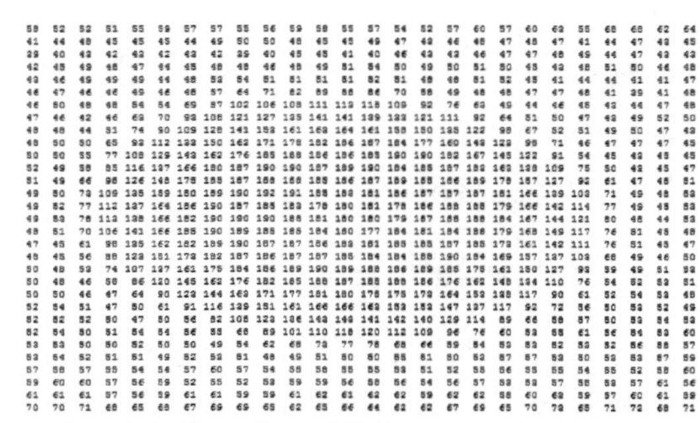

图 4.18　漫反射标志图像及其灰度值分布

2. 回光反射标志

回光反射材料具备类似反射棱镜功能，由直径 50 μm 左右的微晶立方角体或玻璃微珠构成，能够让反射光的方向与入射光的方向相同，如图 4.19 所示。反射效率是同等光照条件下白色漫反射标志效率的几百倍，能够利用低强度曝光获得更好对比度的图像。良好的拍摄环境设置，可以使标志的背景“消隐”形成“准二值图像”。因此，利用回光反射标志制作的人工标志有助于标志的识别和提高像点坐标测量精度。

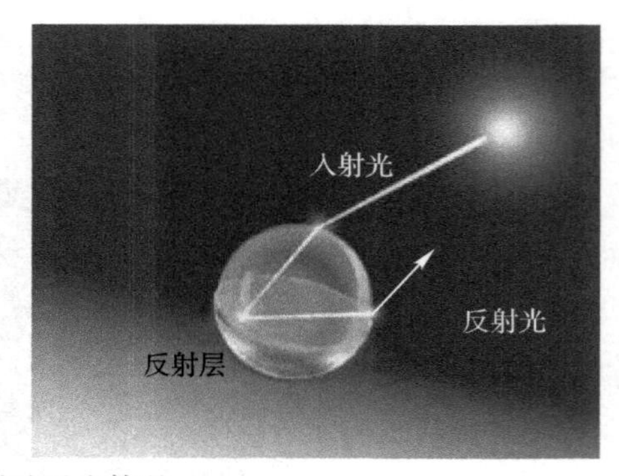

图 4.19　玻璃微珠反光情况

图 4.20 为用美国 3M 公司回光反射材料制作的标志，分别为工程级标志(图 4.20(a))、超强级标志(图 4.20(b))和钻石级标志(图 4.20(c))。

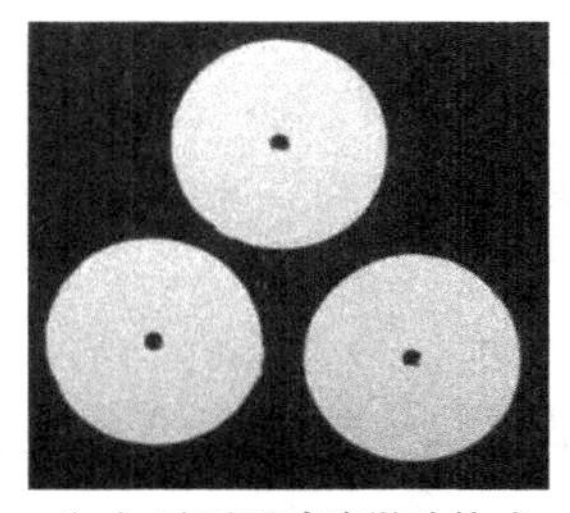
（a）平顶型玻璃微珠构成

（b）微晶立方角体构成

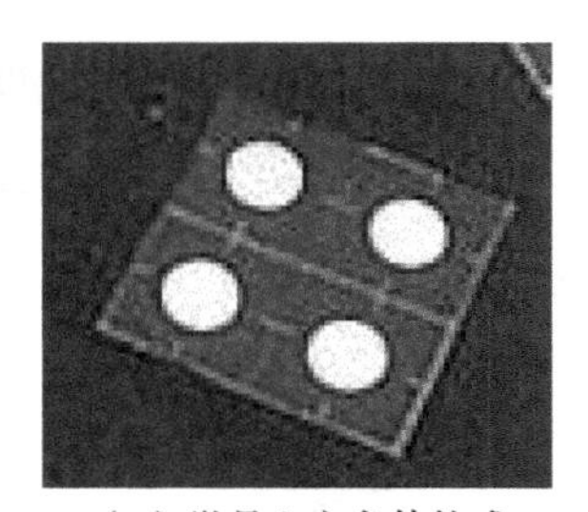
（c）微晶立方角体构成

图 4.20　圆形 3M 回光反光标志

图 4.21 为利用哈苏相机和神牛 AD360 闪光灯点拍摄得到的回光反射标志图片，背景已成功实现了“消隐”，标志成像灰度值分布情况有利于提高量测精度。

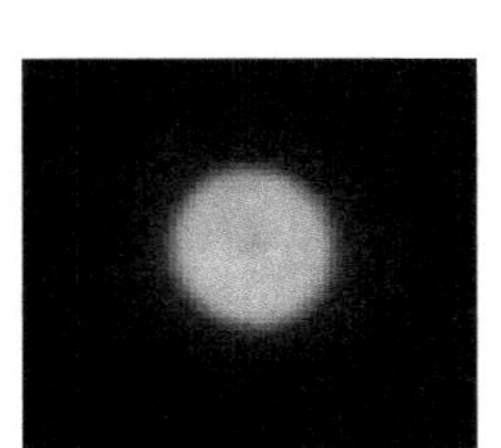

图 4.21　回光反射标志图像及其灰度值分布

3. **摄影标志尺寸**

地面摄影标志的尺寸大小应以利于识别及提高量测精度为目的，标志大小的设计应利于标志图像中心定位算法的精度及减小标志图像椭圆偏心差，与摄影比例尺、像素尺寸有关。对于近景摄影测量中的标志尺寸有研究认为，测量标志在 CCD 上所占的像素数在 10 个左右较为合适，过大或过小均不利于识别和量测；也有研究认为标志的构象一般在 0.05～0.20 mm；通常设计圆形标志直径为 0.10 mm 乘以影像比例尺分母（冯文灏，2004）。有文献通过仿真试验得出在近景摄影测量中摄站到标志场平面的距离合理取值 $600r \leqslant d \leqslant 1\,000r$（$r$ 为标志半径）（冯其强，2010）。对于动态摄影测量，还应考虑由于载体运动导致的图像模糊（与曝光时间及载体速度有关）对标志中心量测精度的影响。

设计的 CCD 曝光时间（液晶快门或外置闪光灯）约为 0.2 ms，设计载体飞行速度为 600 km/h（约 167 m/s），拖影宽度为 0.2 ms×167 m/s=3.34 cm。载体检定飞行高度为 200 m，摄影比例尺为 d =35.8 mm/200 m=1.79×10^{-4}，综合考虑设计标志尺寸为直径 50 cm 的圆标志。

4.3.3　标志图像中心像点坐标高精度量测算法

图像处理的第一步工作是标志图像的识别，算法有定向行扫描、Canny算子边缘探测、形态学方法等(Shortis et al,1994;Otepka,2002;吴纪国,2005;艾海舟,2012)。对于回光反射标志，由于其图像为“准二值影像”，标志图像的识别较为容易且精度较高，但对于普通黑白标志则需要从复杂背景下提取出标志图像，其基本原理此处不赘述。作者利用编写的图像量测软件实现了复杂条件下对漫反射摄影标志的识别及量测，如图4.22和图4.23所示，该量测软件对回光反射标志同样适用。

图4.22　130 m高度对地面标志拍摄获得的图像

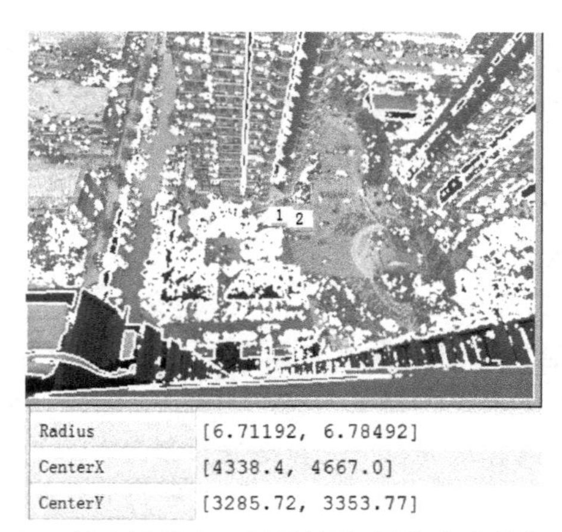

Radius	[6.71192, 6.78492]
CenterX	[4338.4, 4667.0]
CenterY	[3285.72, 3353.77]

图4.23　标志图像中心量测结果(图像中编号位置处)

完成图像识别后的下一步工作是标志图像中心定位算法的研究，目前常用的有椭圆拟合法、多项式拟合法、灰度加权质心法、高斯(累积)分布拟合法、最小二乘模板匹配法等(Clarke et al,1998;Otepka et al,2004;Anchini et al,2007;高文 等,

1998;刘亚威,2003;郑慧,2009;李占利 等,2011),下面简要介绍用到的椭圆拟合方法与灰度加权质心方法。

1. 椭圆拟合法

地面圆形摄影标志经摄影投影后成像为椭圆形,在利用边缘检测算子对椭圆边缘进行整像素级精度粗定位的基础上,对图像的边缘进行亚像素边缘探测;然后对边缘点实施椭圆最小二乘拟合算法,求得椭圆方程的参数,将椭圆中心坐标作为标志中心对应的像点坐标。

椭圆在平面内的一般方程为

$$x^2 + 2Bxy + Cy^2 + 2Dx + 2Ey + F = 0 \tag{4.17}$$

式中,(x,y) 为椭圆的中心点坐标,B、C、D、E 和 F 为椭圆方程的 5 个参数。通过椭圆拟合方法求得椭圆方程的 5 个参数,椭圆中心坐标(x_0,y_0) 计算公式为

$$\left.\begin{aligned} x_0 &= \frac{BE - CD}{C - B^2} \\ y_0 &= \frac{BD - E}{C - B^2} \end{aligned}\right\} \tag{4.18}$$

$$\theta = \left(\tan \frac{B}{A - C}\right) \Big/ 2 \tag{4.19}$$

式中,θ 为椭圆长半轴与图像坐标系 x 轴的夹角。

椭圆拟合法只利用图像边缘像素进行处理,为防止错误的边缘像素导致中心定位精度降低,在椭圆拟合后可以重新计算每个边缘像素误差,剔除误差较大的像素,然后二次拟合,直至每一个像素的误差都小于设置的阈值。如图 4.24 所示是椭圆拟合算法的三个阶段。

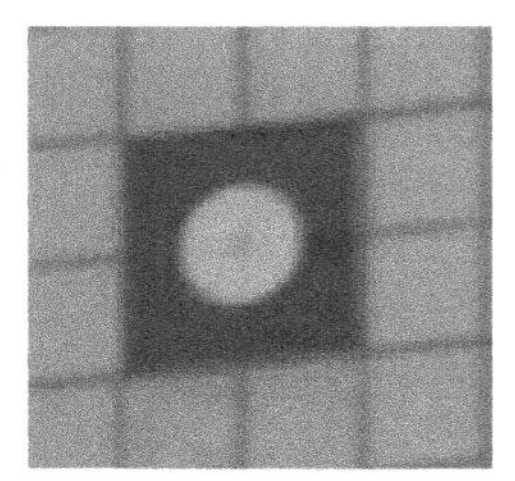
(a) 原始图像

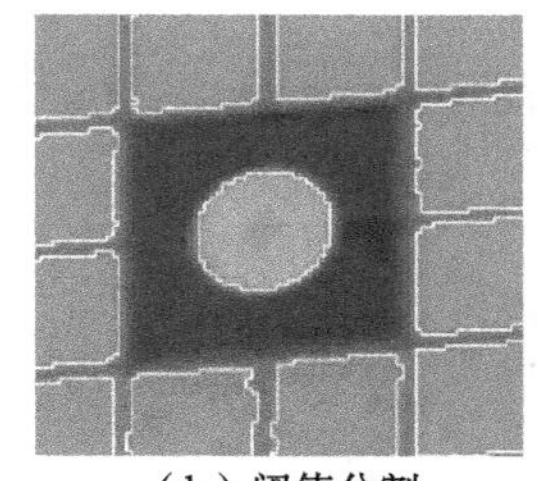
(b) 阈值分割

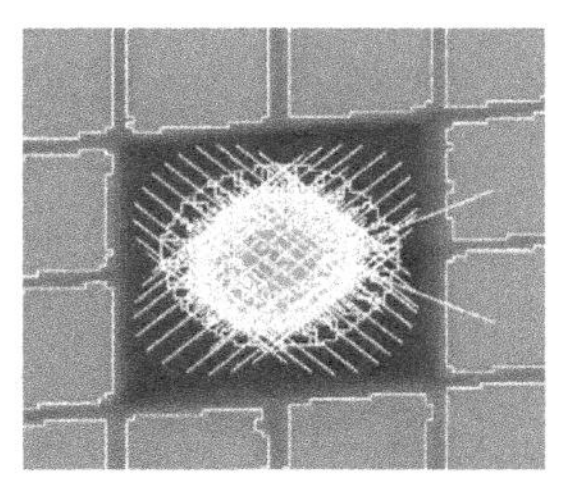
(c) 椭圆拟合

图 4.24　椭圆拟合算法过程

作者利用 Halcon 软件编写了基于椭圆拟合法的图像中心像点坐标量测软件(简称图像量测软件),该算法简便、高效,能够实现标志图像中心像点坐标的高精度量测。

2. 灰度加权质心法

灰度加权质心法是把像素的灰度值作为权,解算标志图像里全部像素坐标的

加权平均数，可表示为

$$\left.\begin{aligned}x_0=\frac{\sum\limits_{(i,j)\in S} iW_{i,j}}{\sum\limits_{(i,j)\in S} W_{i,j}}\\ y_0=\frac{\sum\limits_{(i,j)\in S} jW_{i,j}}{\sum\limits_{(i,j)\in S} W_{i,j}}\end{aligned}\right\}\tag{4.20}$$

式中，(x_0,y_0)是标志图像中心对应的像点坐标，$W_{i,j}$是像素(i,j)的灰度值，S是标志图像的范围。

3. 标志图像中心像点坐标高精度量测软件性能分析

为验证编制的量测软件性能，对同一张图像分别利用量测软件和V-STARS软件进行量测性能比较。V-STARS软件是美国GSI公司编制的优秀数字近景摄影测量软件，如图4.25所示。在近距离内(3～10 m)，对利用钻石级回光反射材料制作标志的内符合量测精度可达0.02个像素，是国际通用的高精度近景摄影测量数据处理软件。由于V-STARS软件不具备处理复杂环境下的漫反射标志功能，所选图像为拍摄的一组回光反射标志图像。表4.7为比较结果。

图4.25　GSI公司的V-STARS系统

表4.7　图像量测软件与V-STARS软件量测性能比较　　单位：像素

图像量测软件结果		V-STARS软件结果		差值	
x	y	x	y	Δx	Δy
558.13	2 178.85	558.22	2 178.76	−0.09	0.09
1 708.42	2 177.08	1 708.41	2 177.09	0.01	−0.01
−869.38	2 171.66	−869.39	2 171.64	0.01	0.02
1 729.96	1 239.48	1 729.90	1 239.42	0.06	0.06
580.17	1 231.97	580.16	1 231.92	0.01	0.05
−839.30	1 222.96	−839.34	1 223.04	0.04	−0.08
−2 594.04	1 193.04	−2 594.13	1 193.09	0.09	−0.05
1 770.69	−436.08	1 770.67	−436.05	0.02	−0.03
615.74	−475.97	615.72	−475.93	0.02	−0.04
−2 540.72	−586.88	−2 540.72	−586.79	0.00	−0.09

从表 4.7 可看出,图像量测软件对该图片像点的量测性能与 V-STARS 软件量测精度相当,差值均优于 0.1 个像素,验证了量测软件算法的可靠性。

4.3.4　标志图像椭圆偏心差影响分析

圆形地面标志中心对应的像点坐标是摄影测量解算需要获得的观测量,但圆形标志经中心投影后在 CCD 成像为椭圆,图像量测软件中利用椭圆拟合算法解算得到椭圆中心的像点坐标,地面标志中心对应的像点坐标与成像椭圆中心的像点坐标之间的差值称为偏心差(Ahn et al,1999;廖祥春 等,1999)。图 4.26 为标志图像椭圆偏心差产生的原因。

如图 4.26 所示,S 为投影中心,AB 为圆形标志直径,C 点为圆形标志圆心,c 点为 C 点在图像上的投影,ab 是图像椭圆的长轴,e 点是椭圆中心。当 ab 与 AB 不平行时,椭圆图像的中心与标志中心对应像点不重合,两者之间的差值 $\overline{ce}$ 就是椭圆偏心差。椭圆偏心差为系统性误差,需要分析其量值,当不可忽略时,可以利用摄影姿态数据对每个标志点进行椭圆偏心差的改正,当量值较小时可以直接忽略。

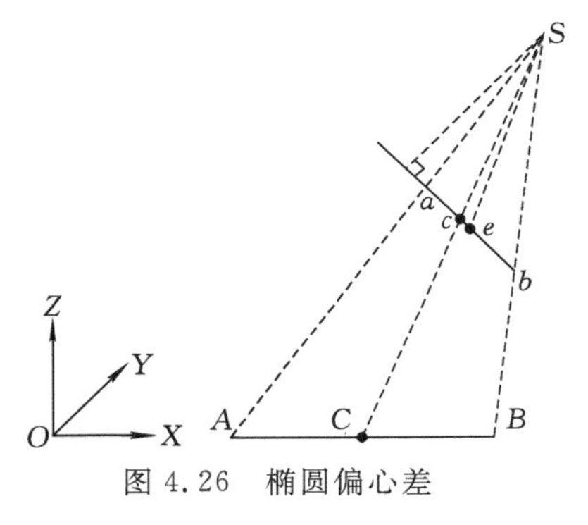

图 4.26　椭圆偏心差

为分析实际动态定位检定条件下椭圆偏心差的量级,在航高条件已定时,摄站姿态是椭圆偏心差的主要影响因素,因此首先分析摄站姿态的取值范围,再选取 12 个架次载体平飞姿态数据进行分析,俯仰、横滚、航向角能够维持 $\pm 3°$以内角度的飞行,俯仰角和横滚角统计如图 4.27 所示。

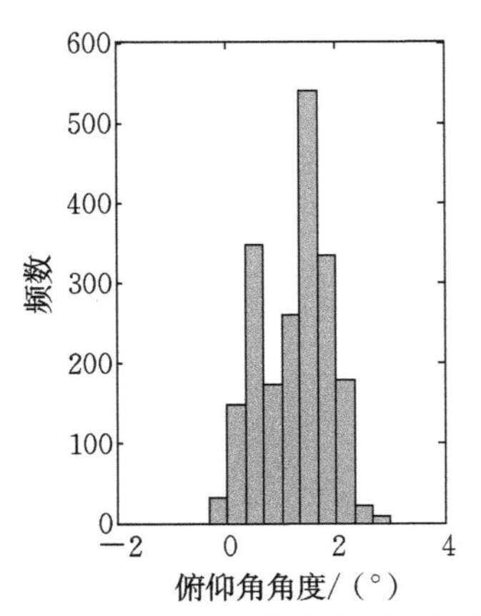

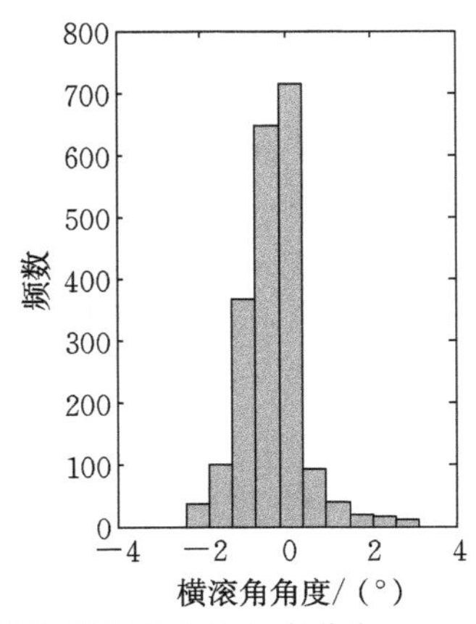

图 4.27　飞机飞行的俯仰角度和横滚角度的频率分布

从图 4.27 中可以看出,飞行载体在动态检定区间能够保持较好的姿态,因此利用该载体进行动态定位检定试验时，可以去掉为保持相机能够接近正直摄影的相机调姿平台。当换用其他飞行载体，若姿态角保持较差，则需要将捷联惯导姿态数据传输给调姿平台以保持相机的近似正直摄影。此方案可以使相机能够按照设计方案拍摄到足够数量的地面摄影标志。

同样分析4.2.1中第1小节的仿真数据，地面标志设计如图4.10所示，表4.2已仿真出标志中心对应像点的坐标，设定地面标志尺寸直径为50 cm，通过选取圆标志若干边缘点通过2.4.2中第1小节方法仿真出其对应的像点坐标，根据这些边缘点对应的像点坐标拟合的椭圆中心与已知值进行比较，可以得到椭圆偏心差的量值，选取1、5、9号点查看偏心差数值的量级，如表4.8所示。

表4.8　椭圆偏心差计算　　　单位：m

点号	偏心差 Δx	偏心差 Δy
1	0.000 000 000 676	0.000 000 001 554
5	0.000 000 000 576	0.000 000 001 412
9	0.000 000 000 491	0.000 000 001 287

从表4.8中可看出由于动态定位检定环境中摄站姿态角较小，实际动态检定过程中偏心差数值较小(优于0.005像素)，对摄影测量交会定位解算的影响可以忽略不计。

4.3.5　色差对标志图像中心像点坐标量测精度影响分析

实际像的位置和形状与理想像的偏差称为像差，主要原因是视场与孔径变大(利用多片透镜)后成像光束的同心性被改变。像差分为单色像差和色差，像差的大小能反映光学系统成像质量的优劣，常用光线追踪或代数分析研究(杨葭孙，2013)，本小节主要讨论RGB软件按分离法对色差的影响量级进行分析。镜头内透射的折射率不是固定值，会随着光的波长变化而改变，色差导致从单个目标点反射的不同波长的光路不聚在一点，变成有色弥散斑，使影像变形或失焦模糊不清(陈新 等，2010)。大部分的相机镜头均采取了消色差双合透镜等减小色差影响的手段，但其对色差削弱的程度需要进行具体评估。

哈苏H4D-60相机是彩色数码相机，像敏单元本身不能区分入射光的颜色，要生成彩色影像，必须采用分光技术将入射光线分为不同波段，并分别在不同像敏单元上独立成像。影像传感器各像敏单元接收的光子数决定了输出信号的强弱，与入射光线的波段无关，哈苏相机采用滤色片分色方法(程开富，2004)。图4.28是Bayer滤色片阵列结构，像敏单元上有感应不同波段的入射光线的红、绿、蓝滤光片，绿色滤光片占50%，红色、蓝色滤光片均为25%。每个像敏单元只记录一种颜色信息，其余颜色亮度值根据周围像素内插算出。滤色片并不是摄影测量需要的，滤色片的存在减少了到达每个像敏单元的光子数，降低了CCD的感光范围和图像质量，实际上会导致损失部分测量精度。图像量测软件的处理过程是首先利用加权平均算法将彩色图像转换为灰度图像，再利用图像灰度分布来提取标志图像中心的像点坐标。

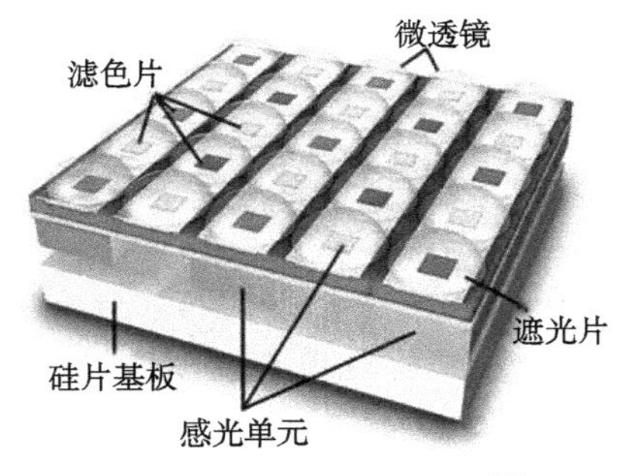

图 4.28　Bayer 滤光

利用哈苏 H4D-60 相机对摄影缩小比例测试场内的图像标志进行摄影，首先利用 Halcon 软件对图片的 R(红色)、G(绿色)、B(蓝色)三种颜色进行分离，分别利用编制的图像量测软件对 R(红色)、G(绿色)、B(蓝色)图片及灰度(gray)图片进行处理获得标志图像中心的像素值(表 4.9)，分别比较其差异(表 4.10)。

表 4.9　各色图片的标志图像中心坐标量测值　　单位:像素

点号	合成灰度		R 分量		G 分量		B 分量	
	x	y	x	y	x	y	x	y
1	6 649.87	1 537.83	6 649.85	1 537.89	6 649.87	1 537.82	6 650.02	1 537.8
2	5 442.53	1 596.77	5 442.41	1 596.87	5 442.45	1 596.71	5 442.55	1 596.66
3	4 308.94	1 651.03	4 308.92	1 651.16	4 308.94	1 651.13	4 308.89	1 650.81
4	3 011.21	1 714.76	3 011.23	1 714.85	3 011.21	1 714.75	3 011.06	1 714.64
5	6 682.86	2 135.54	6 682.76	2 135.63	6 682.76	2 135.51	6 682.96	2 135.38
6	5 445.86	2 177.69	5 445.9	2 177.8	5 445.84	2 177.69	5 445.93	2 177.52
7	4 284.52	2 219.13	4 284.55	2 219.16	4 284.55	2 219.13	4 284.43	2 218.89
8	2 959.16	2 261.89	2 959.34	2 261.88	2 959.17	2 261.87	2 959.15	2 261.8
9	4 263.87	2 682.31	4 263.87	2 682.32	4 263.88	2 682.33	4 263.83	2 682.19
10	6 729.1	3 002.22	6 729.08	3 002.23	6 729.01	3 002.26	6 729.42	3 002.21
11	5 449.09	3 016.64	5 449.17	3 016.66	5 449.05	3 016.48	5 449.12	3 016.54
12	4 248.76	3 029.93	4 248.95	3 029.89	4 248.79	3 029.96	4 248.87	3 029.64
13	2 884.06	3 045.21	2 884.19	3 045.29	2 884.05	3 045.17	2 883.94	3 045.19
14	1 697.98	4 111.9	1 697.9	4 111.88	1 698.09	4 111.82	1 697.89	4 111.8
15	2 778.54	4 134.14	2 778.55	4 134.27	2 778.6	4 134.11	2 778.42	4 134.11
16	4 198.82	4 162.17	4 198.85	4 162.17	4 198.83	4 162.17	4 198.82	4 162.18
17	5 454.15	4 191.06	5 454.13	4 191.01	5 454.13	4 191.04	5 454.21	4 191.05

表4.10　各色图片的标志图像中心坐标量测值互差　　单位:像素

	$\Delta x(1\sigma)$	$\Delta y(1\sigma)$
红色—灰度	0.087 2	0.059 2
绿色—灰度	0.052 6	0.055 1
蓝色—灰度	0.118 9	0.087 8
绿色—红色	0.089 5	0.075 7
蓝色—红色	0.154 4	0.110 2
蓝色—绿色	0.155 8	0.116 0

从表4.10可以看出,各色照片灰度值互差在0.15个像素内(其中包含量测误差),说明相机对色差的减弱措施较好,后续的处理中可以将彩色图像转换为灰度图像进行处理。

4.3.6　图像模糊对标志图像中心像点坐标量测精度的影响分析

高速状态下的摄影会导致拍摄图像变得不清晰,称为图像模糊。在数字图像领域,为了获得运动状态下的清晰图像,常采用图像复原的方法(张云霞,2006;张欢,2009;刘宝,2013),其主要步骤是建立图像退化模型,在估计出模糊核的基础上,采用合适的去卷积算法对图像复原。运动模糊图像复原技术首先要实现模糊核的精确估计与选取去卷积算法。图像复原主要用来使图像变清晰,但不合适的模糊核估计与卷积算法等处理方案可能会破坏图像原本的测量属性,本节从像点坐标量测精度角度讨论出发讨论图像模糊的处理措施。

动态定位检定载体的运动将导致地面标志在CCD上的成像离散化,运动状态会导致图像在运动方向两端产生图像的拉伸,且是两端的拉伸。影像密度的重心对称摄影于中央时刻,理论上椭圆图像的中心位置并不发生变化,信息工程大学在利用较差摄影测量方法建设国内GPS接收机综合检定场的过程中已成功应用了这一理论(吕志伟 等,2008)。

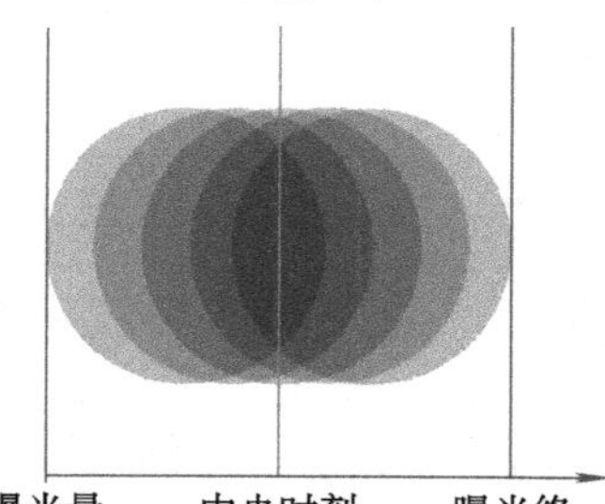

图4.29　动态条件下摄影标志成像

图像前后偏移程度与传感器的曝光时间相关,选用0.2 ms曝光时间,如果飞行速度为600 km/h,则会导致图像两端分别产生小于2 cm的图像拉伸(模糊),且会导致边缘的灰度值降低,如图4.29所示。理论上图像拉伸不会对标志图像椭圆中心拟合精度产生实质影响,如果图像拉伸情况较大则需要加大标志尺寸。由于载体动态变化导致标志图像椭圆的扁率、灰度值等产生变化,成为椭圆拟合算法导致不确定的外部条件,5.3节将根据捷联惯导提供的载体姿态和速度数据实现图像量测软件中椭圆拟合参数的自适应设置。

4.3.7 地面标志中心测量误差对标志图像中心像点坐标量测精度的影响

为分析地面标志测量精度对提高摄影测量交会定位性能的影响，将其影响归结到对像点坐标的量测误差影响分析上。

哈苏相机 1 个像素的边长为 5.994×10^{-6} m，相机主距约为 35.8×10^{-3} m，假定正直摄影情况下摄影高度为 H，相机 1 个像素边长对应的地面尺寸为 c，则有

$$\frac{35.8\times10^{-3}}{H}=\frac{5.994\times10^{-6}}{c} \tag{4.21}$$

据式(4.21)可得到在 200 m 航高、正直摄影条件下，一个像素对应的地面尺寸为 33.486 mm，设定地面标志点(中心)的测量精度为 5 mm，则地面标志中心的位置测定误差对像点坐标量测产生的影响为 0.15 个像素。

4.4 相机投影中心位置精确测定方法研究与实现

中心投影理论实质是“三点共线”理论，即像点、投影中心和对应物点位于同一条直线上，摄影测量交会定位所求的摄站位置便是投影中心的位置，因此只有精确测定了投影中心的精确位置才可能实现高精度的位置归心。

投影中心不是一个实际的物理点，是一个虚拟出来的光学点，单像空间后方交会定位方法求解的 3 个位置参数便是相机投影中心位置，理想条件下(无误差)的单像空间后方交会方式可获得相机投影中心的精确位置。但其精度受相机内参数、图像传感器和光学镜头畸变、控制点坐标测量精度、控制点标志中心像点坐标量测精度、摄影测量环境等诸多方面因素的综合影响，如果不尽可能消除这些因素的影响，将难以实现高精度的交会定位精度。

书中提出了一个解算精度高、可操作性强的测量方法，通过搭建高精度的摄影测量环境，一体化实现控制点标志图像中心量测、高精度相机标校与投影中心精确测定三项工作，投影中心的位置测定精度优于 5 mm，具有较高的实践应用价值。

4.4.1 相机投影中心位置精确测定方法

理想的软硬件测试环境是提高投影中心位置测定精度的关键，因此采用钻石级回光反射材料制作控制点标志，实现控制点标志中心像点坐标的高精度量测(内符合精度优于 0.02 像素)；利用 MetroIn 经纬仪三坐标测量系统(测角精度为 0.5″)实现对控制点坐标的高精度的测量(亚毫米级)；利用光束法自检校实现哈苏相机高精度参数标校。利用单次试验内的相机标校参数对标志点像点坐标改正，最大程度减弱各项误差因素的影响，最终实现对相机投影中心位置的精确标校。

MetroIn-DPM数字工业摄影测量软件利用灰度值加权质心法实现对回光反射标志中心像点坐标的量测，量测内符合精度可达0.02个像素（冯其强，2010）。采用高性能回光反射材料制作测量标志点和编码标志，定向靶和基准尺采用碳纤维材料加工制作并精确测量，具体如图4.30所示。该系统利用多幅照片上的大量标志点信息可实现相机的高精度标校，采用光束法自标校的方法，指将内、外部参数放在一起同时进行整体平差计算。

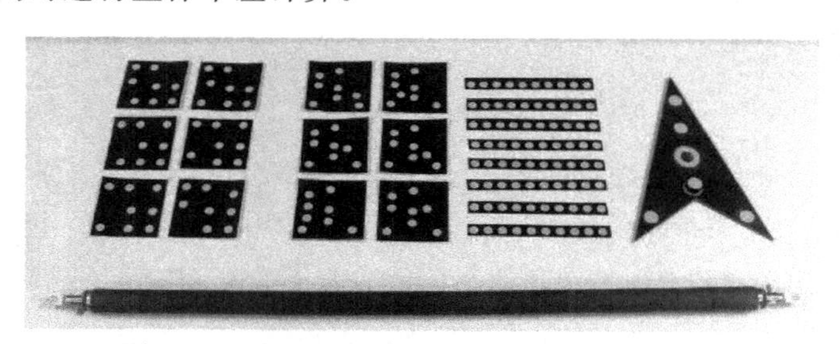

图4.30　编码标志、测量标志、定向靶和基准尺

控制点的测量方法主要是在已知坐标框架内利用测距、测角或边角同测的方式实现，短距离测距受测距设备加常数测量精度的限制，难以将控制点的测定精度提高到毫米级水平。T3000电子经纬仪为目前测角水平最高的设备（0.5″级），MetroIn经纬仪测量系统由两台T3000电子经纬仪和长度基准尺组成，基于测角前方交会定位方法能实现控制点的高精度测量（李广云 等，1994；冯文灏，2004）。如图4.31所示，图中A和B是两台T3000电子经纬仪，测量坐标系将A经纬仪轴系交点作为坐标原点，X轴为AB在水平方向上的投影，Z轴为过A经纬仪轴系交点的铅垂方向，遵循右手法则；基线长度b可以通过仪器两台经纬仪同时对基准尺观测反算；分别测量两仪器到控制点标志中心的水平角和垂直角便可前方交会得到高精度的控制点坐标。

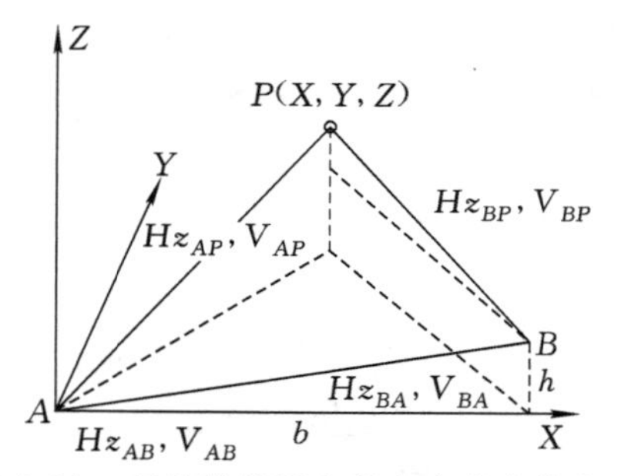

图4.31　双经纬仪测角前方交会定位方法

4.4.2　相机投影中心位置测定场测量方法

测定场内墙壁上布设560个回光反射标志和12个同样由回光反射材料制成

的控制点标志，如图 4.32 和图 4.33 所示，两台 T3000 电子经纬仪沿平行于墙壁的方式排列，两台经纬仪(轴系交点)连线作为测量坐标系的 X 轴，利用 MetroIn 经纬仪测量系统对 12 个控制点中心进行测量，点位测量内符合精度优于 0.2 mm，测量结果如表 4.11 所示。

图 4.32　测定场环境

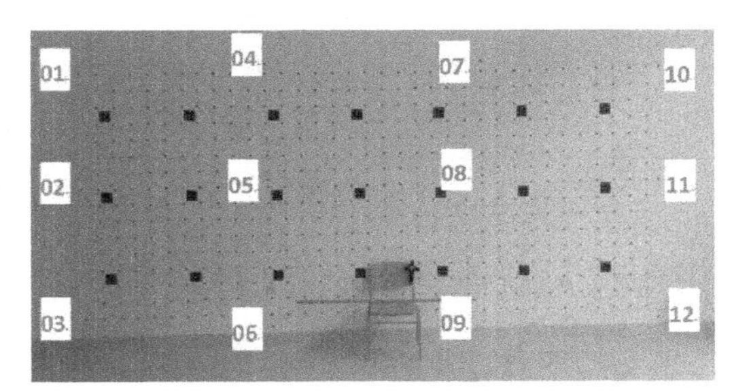

图 4.33　墙壁上控制点标志布设情况

表 4.11　控制点中心测量结果　　单位:像素

点号	X	Y	Z
1	−1 208.183	3 552.273	1 138.308
2	−1 236.368	3 552.898	87.465
3	−1 253.976	3 553.766	−1 122.451
4	415.240	3 557.956	1 213.220
5	409.081	3 556.083	147.707
6	412.958	3 555.799	−1 240.079
7	2 348.376	3 558.448	1 225.197
8	2 353.801	3 557.910	153.298
9	2 358.443	3 554.397	−1 233.315
10	3 966.583	3 557.893	1 144.754
11	3 967.357	3 556.648	89.532
12	3 969.003	3 557.631	−1 228.835

在摄影相机镜头盖中心粘贴测量标志，如图 4.34 所示，在 3 个不同水平位置对缩小比例测试场进行拍照，并记录镜头光轴之间夹角。后面将进行镜头盖标志

到镜头中心位置归心参数的计算，利用 MetroIn 经纬仪测量系统对 3 个镜头盖中心位置进行精确测量，测量结果如表 4.12 所示。

图 4.34 镜头盖上控制点标志布设情况

表 4.12 镜头盖中心位置坐标 单位：像素

摄站	X	Y	Z
1	1 823.535	−1 636.907	−355.957
2	2 955.099	−2 234.785	−372.789
3	5 225.719	−1 594.605	−569.323

4.4.3 相机投影中心位置精确测定验证试验

1. 相机内方位元素及畸变差精确标校

在 9 个不同位置不同姿态对标志场进行拍照，每个位置拍摄照片 3 张，共拍摄照片 27 张，连同在 3 个摄站位置拍摄照片共 30 张照片，摄站位置如图 4.35 所示。利用光束法平差解算相机标校参数，将相机内参数和畸变参数作为未知数参加解算，此时有大量的多余观测量，解算得到哈苏 H4D-60 相机标校结果，如表 4.13 所示。

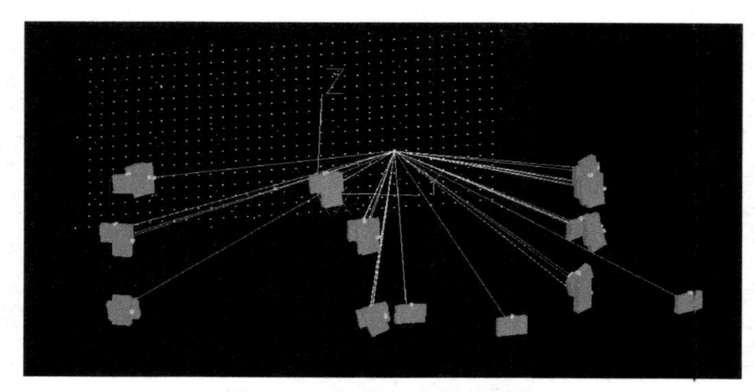

图 4.35 相机标校摄站分布

表 4.13　哈苏 H4D-60 相机标校结果

序号	名称	标校参数	数值
1	内方位元素/mm	f	35.119 25
2		x_0	−0.044 306 45
3		y_0	0.338 580 5
4	径向畸变	K_1	$-2.986\,228\times10^{-7}$
5		K_2	$5.287\,744\times10^{-9}$
6		K_3	$-5.736\,241\times10^{-12}$
7	偏心畸变	P_1	$1.692\,811\times10^{-6}$
8		P_2	$-1.638\,062\times10^{-5}$
9	像平面畸变	b_1	$2.579\,402\times10^{-5}$
10		b_2	$5.108\,833\times10^{-5}$

2. 投影中心位置精确测定

利用获得的相机标校参数分别对 3 个摄站位置拍摄得到的 12 个控制点标志图像中心像点坐标 (x,y) 进行改正，控制点对应像点坐标改正数计算方法见式(4.15)，根据共线条件方程式(4.16)，解算得到 3 个投影中心位置 (X_S,Y_S,Z_S)，如表 4.14 所示，解算的镜头中心实际位置(取均值)与镜头中心差值如表 4.15 所示，归算结果与 3 个摄站解算结果差值均小于 5 mm。

表 4.14　摄站投影中心与镜头中心差值　单位：mm

摄站	ΔX	ΔY	ΔZ
1	3.321	0.756	−6.876
2	−5.269	4.047	−2.824
3	0.810	−5.407	−2.400

表 4.15　归算投影中心(取均值)与镜头中心差值　单位：mm

ΔX	ΔY	ΔZ
−0.379 33	−0.201 33	−4.033 33

本书中提出了一种高效、操作性强的相机投影中心位置测定方法。通过优化摄影测量环境，尽量减小外界环境因素的影响，实现了相机投影中心位置的精确测定，测定精度优于 5 mm。该方法较传统光学领域的干涉比较测量法更为简便(牛轶杰，2005；董桂梅，2007)，适用于需要精确测定相机投影中心位置的任意相机，方法具有通用性。本方法也验证了光学镜头设计的精确性，该方法具有一定的科学及实践应用价值。

4.5 地面标志数量及构型设计

4.5.1 飞行载体姿态对预定拍摄区域的影响

在动态定位检定飞行过程中，飞机姿态的变化将可能导致相机实际拍摄区域偏离预定区域，如果偏离距离过大，将可能导致不能拍摄足够的标志点或者标志点构型不理想。解决方法有两种：一是适当调整地面标志点布设数量和间隔距离；二是可以利用捷联惯导实时输出的姿态数据，通过相机调姿平台对相机姿态进行调整，使之接近正直摄影。如果作为动态检定载体的飞机飞行时姿态角变化较大，由于动态定位检定系统本身包含中高精度捷联惯导，采用第二种方法可以减小标志点布设工作量。

首先研究在 200 m 动态检定飞行高度条件下，飞机姿态变化可能导致相机偏离正直摄影视场的数值。4.3.4 小节中对飞机在动态检定区域中姿态的分析，飞机能够维持俯仰、横滚、航向角数值小于 3°的动态定位检定段飞行，经计算由于飞机姿态角度导致的偏移最大不超过 20 m。由于飞机姿态角变化较小，可以考虑暂不用相机调姿平台，采用第一种解决方案，在地面标志设计时充分考虑飞机姿态对相机拍摄区域的影响。

4.5.2 地面标志区标志布设方案设计

摄影测量空间交会是一种以角度值为基本观测量的测量方法，理论上只需 3 个地面标志点及其对应像点坐标信息即可根据共线条件方程解算出摄站的外方位元素。在实际应用中为了避免粗差，还需更多一些的标志点(龚涛，1998)。粗差的判断可根据求解的摄站外方位元素与地面标志点信息求解对应像点坐标信息，与图像量测软件获得的像点坐标比对，这是通过三维空间坐标投影到图像平面的二维图像的比对精度来间接地评价摄影标志坐标的准确性。此外，合理的地面标志布设方案可以有效减弱随机误差对摄影测量交会定位性能的影响。设计的地面标志区内标志布设方案如图 4.36 所示，标志区尺寸为 300 m×225 m，为顾及飞机姿态对拍摄区域的影响，标志区往里缩小 20 m。

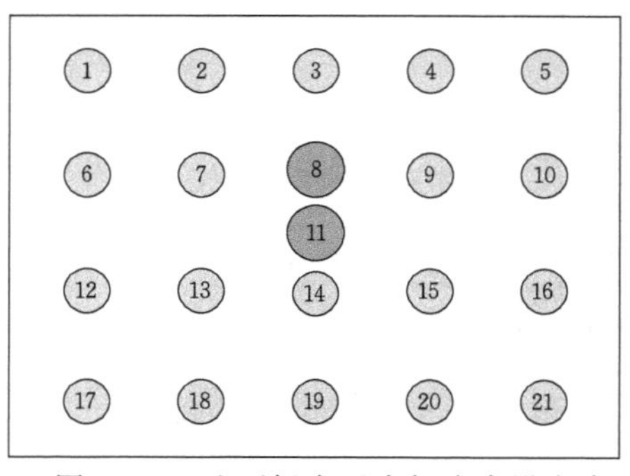

图 4.36 地面标志区内标志布设方案

第 5 章　摄影测量交会性能验证试验

摄影测量交会定位精度直接决定着多节点摄影/惯导组合测量方法所能实现的定位精度。第 4 章详细分析了摄影测量交会性能的影响因素，完成了哈苏 H4D-60 相机的高精度标校方案、投影中心位置精确测定以及色差影响分析等工作，通过计算机仿真试验推估了实际动态定位检定条件下摄影测量后方交会所能达到的性能，但上述结论还只是理论分析，实际情况与理论分析情况的一致性还需要实际的摄影测量交会性能试验验证。

本章详细设计了机载高动态摄影测量的主要工作流程，从缩减地面标志设计尺寸及提高摄影测量数据自动处理能力角度出发，设计并实现了两步法摄影物点、像点自动匹配方法，充分利用捷联惯导实时姿态输出数据，提出并实现了参数自适应的图像量测软件设计。在第 4 章计算机仿真试验的基础上，为充分验证摄影交会测量所实际能够达到的定位性能，按照总体设计中的动态定位性能检定环境建设了机载摄影缩小比例测试场。在测试场内进行了静态摄影测量交会性能验证试验，通过试验验证了摄影测量解算软件、图像量测软件以及相机标校方案的正确性和有效性。

在缩小比例测试场内，分别进行了基于漫反射标志和回光反射标志的静态摄影测量交会定位性能验证试验。在水平距离 30～36 m 位置处，静态摄影测量交会方法能够在三个方向上取得优于 4 cm 的定位精度，推估在 200 m 机载动态定位检定试验条件下摄影测量交会方法能够实现优于 0.4 m 的定位精度，加上第 3 章中关于位置归心误差和时间同步误差的影响，摄影测量交会方法能够实现给捷联惯导优于 0.5 m(三方向)的位置传递精度。

5.1　机载高动态摄影测量工作流程设计

设计的机载高动态摄影测量主要工作流程如图 5.1 所示。

(1)经过高精度标校的哈苏 H4D-60 相机集成安装在机载动态定位检定平台内。

(2)飞机起飞后，利用飞行引导软件导引飞机沿预定路径飞行，在接近地面标志场区域时，调姿平台根据捷联惯导输出的姿态数据调整相机姿态以接近正直摄影。

(3)摄影控制软件控制哈苏相机在标志区上空自动拍照，利用时间记录系统记录相机拍照瞬间的精确时刻。

(4)飞机降落后，利用图像量测软件进行标志图像中心像点坐标的精确量测，5.3节设计了一种图像量测软件椭圆参数自适应设定方法。

(5)根据高精度相机标校工作中得到的标校参数(十参数)对量测像点坐标进行修正。

(6)完成摄影物点、像点的自动匹配工作(见5.2节)，利用摄影测量交会软件解算得到拍照瞬间摄站的位置和姿态，经位置归心和姿态转换后传递给捷联惯导，为下一步多节点摄影/惯导组合测量方法的实施提供位置观测量。

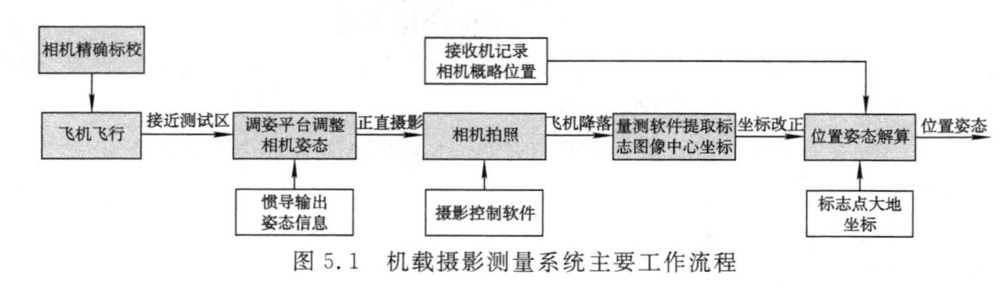

图5.1 机载摄影测量系统主要工作流程

5.2 两步法摄影物点、像点自动匹配方法研究

共线条件方程是摄影测量计算的基础，方程构建的前提是实现摄影物点和像点的匹配。在航空及航天摄影测量中，地面控制点数量有限，一般采用事后处理、人工匹配方法(刘军，2003；马晓锋，2009)。在数字近景摄影测量中，常利用编码标志实现摄影物点和像点的自动匹配(孟祥丽，2009)，目前应用广泛的编码标志主要分为同心圆环型(图5.2(a)和(b))和点分布型(图5.2(c)和(d))。根据编码规则，编码标志的容量为几十个到数百个，编码标志中心的圆为定位圆。由于近景摄影测量摄影距离一般较近(几米至几十米)，编码标志尺寸一般较小，边长一般在几厘米至十厘米之间，尺寸具体数值与相机参数及摄影距离相关。

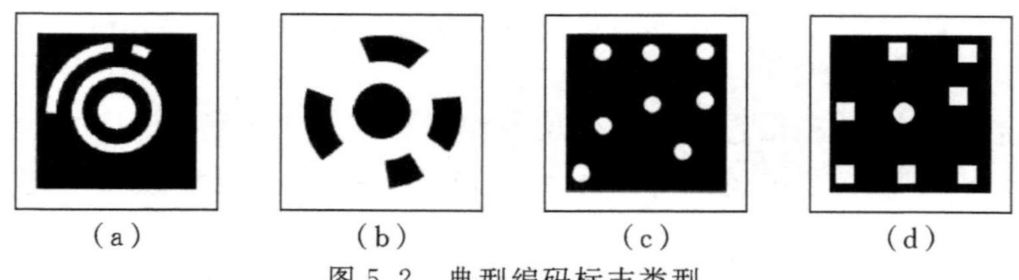

图5.2 典型编码标志类型

根据飞行高度200 m进行地面标志尺寸设计，4.3.2中第3小节设计了两种圆形地面摄影标志，如果按照标志直径在CCD上成像10个像素并考虑拖影(图像模糊)因素，中心定位圆的尺寸为50 cm，如采用编码标志的方式进行摄影物点与

像点的自动匹配，则编码标志尺寸将超过 4 m，这不仅增加了标志的制作难度、成本以及搬运工作量，而且不符合在机场内布设的条件。考虑到控制点数量有限及自动匹配能提高效率的需要，书中提出了一种不依赖编码标志的摄影物点、像点自动匹配方案。基于两步法的摄影物点、像点自动匹配方法，该方法可以不依赖编码标志而实现摄影物点、像点的自动匹配，方法算法简单、可靠（丛佃伟 等，2016）。

5.2.1　基本原理

两步法自动匹配方法基本原理是利用部分特征点计算摄站概略外方位元素值，然后利用已知物点坐标信息反算对应像点的概略像点坐标，将反算像点坐标与图像量测软件提取像点坐标比较，通过设定合适阈值可以实现摄影物点与像点的自动快速匹配。过程可以分解为两个步骤：第一步是摄站外方位元素（摄影瞬间相机的概略位置和姿态）概值计算，利用拍摄识别的 5 个基本配置标志通过空间后方交会方法获得；第二步是利用摄站外方位元素概值和地面标志的物方坐标反求标志点的概略像点坐标，将所求概略像点坐标与图像量测软件提取像点坐标进行比较，设定一定的阈值作为摄影物点是否与像点匹配的条件，实现物点与像点的自动匹配。

为更好理解两步法自动匹配方案，如图 5.3 所示在测试区内布设 21 个地面摄影标志，标志采用图 4.17 的漫反射黑白标志和回光反射标志设计均可。标志制作尺寸分两种：一种为正常标志，定位圆直径为 50 cm；另一种为大标志，定位圆直径为 80 cm。如图 5.3 中 8、11 号点为大标志，7、8、9、11、14 号点为基本配置标志，其余标志可在摄影视场内按照实际条件进行布设，包含 5 个基本配置标志的摄影像片为有效像片。

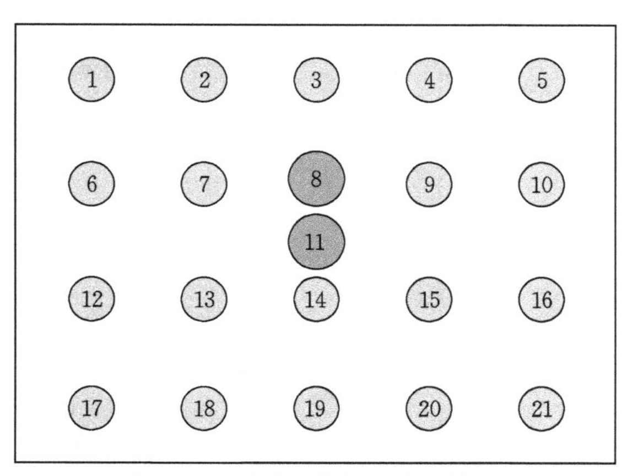

图 5.3　测试区内标志布设情况

具体实现过程如下：

(1)利用图像量测软件对拍摄图像进行阈值分割和椭圆拟合等处理工作，获取标志成像椭圆中心的像点坐标和椭圆短半轴长度(像素数)。

(2)根据求得的标志图像椭圆短半轴长度(像素数)，像素数最大的两个为2个大标志的成像，8号像点和11号像点。

(3)求取两个大标志与其他标志之间的距离(像素数)，最近的距离为11号点和14号点之间的距离，大标志为11号像点，另一个则为14号像点，此时实现了像片的定向。垂直8号像点和11号像点连线方向上的距离最近点分别为7号像点和9号像点。

(4)上面工作完成了5个基本配置标志(7、8、9、11、14号)的摄影物点与像点的自动匹配工作，利用5个标志的物方和像方坐标信息，通过单像空间后方交会方法可解算得到图像拍摄瞬间的相机的外方位元素概值。

(5)利用相机外方位元素概值与已知物点坐标(除5个基本配置点外)，可反算得到其余物点的概略像点坐标。

(6)将步骤(1)中利用图像量测软件拟合得到的标志图像中心像点坐标与步骤(5)解算得到的概略像点坐标进行比较，设置两个方向上的差值在25个像素以内时认为摄影物点与该像点为对应匹配点。

(7)根据标志库内标志编号数据为对应像点进行编号，完成摄影物点与像点的快速自动匹配工作。

5.2.2　试验验证

根据图5.3的标志布设规则在某学校某楼北侧墙面上布设21个摄影标志，如图5.4和图5.5所示。8号点、11号点为大标志，白色定位圆直径为20 cm，其余标志为小标志，白色定位圆直径为10 cm。为便于测量标志中心的物方坐标，在标志中心粘贴全站仪反射片，标志中心物方坐标量测结果如表5.1所示。

图5.4　拍摄摄影标志的照片

图 5.5　拍摄摄影标志的照片(局部)

表 5.1　标志中心物方坐标　　单位:m

点号	东坐标	北坐标	天坐标
1	25.095	−20.803	−36.546
2	17.279	−20.798	−36.582
3	7.736	−20.802	−36.624
4	−0.058	−20.790	−36.656
5	−7.855	−20.787	−36.694
6	25.091	−16.577	−36.552
7	17.280	−16.572	−36.584
8	7.738	−16.563	−36.625
9	−0.064	−16.583	−36.659
10	−7.858	−16.584	−36.691
11	7.744	−13.250	−36.627
12	25.089	−10.849	−36.560
13	17.284	−10.833	−36.589
14	7.746	−10.839	−36.625
15	−0.064	−10.839	−36.658
16	−7.856	−10.840	−36.694
17	25.089	−3.399	−36.553
18	17.293	−3.404	−36.584
19	7.756	−3.413	−36.618
20	−0.065	−3.396	−36.652
21	−7.859	−3.398	−36.691

利用哈苏 H4D-60 相机在距离墙壁垂直距离约 30 m 处对摄影标志进行拍照，利用编制的图像量测软件(含自动匹配算法)程序，通过阈值分割和椭圆拟合算法可获得拟合椭圆的短半轴长度(像素数)和标志图像中心的像点坐标(像素数)，如表 5.2 所示。

表 5.2 拍摄标志图像信息提取 单位:像素

椭圆短半轴	像点坐标 x_i	像点坐标 y_i
6.677 12	−1 976.41	851.29
6.432 06	−971.02	760.27
5.864 97	170.28	658.08
5.688 29	1 038.51	579.18
5.290 75	1 855.06	505.82
7.186 41	−2 033.25	348.18
6.603 68	−997.83	271.72
12.190 8	174.78	185.13
5.893 99	1 066.25	122.27
5.469 49	1 902.35	61.66
12.564 40	177.60	−202.90
7.650 17	−2 115.82	−382.32
7.226 84	−1 037.82	−437.17
6.578 07	180.44	−495.61
6.226 95	1 105.47	−540.76
5.857 43	1 969.66	−582.73
8.322 84	−2 234.85	−1 425.67
7.878 23	−1 095.14	−1 442.08
7.153 97	188.69	−1 459.49
6.822 75	1 161.47	−1 476.00
6.386 79	2 065.54	−1 488.75

利用两步法自动匹配方法执行步骤(1)～步骤(3),实现 5 个基本配置标志的匹配工作,利用 5 个基本配置标志的物方坐标和像方坐标计算得到图像拍摄瞬间摄站的 6 个外方位元素概值,如表 5.3 所示。

表 5.3 解算的摄站外方位元素概值

摄站位置/m			摄站姿态/(°)		
X_S	Y_S	Z_S	φ	ω	κ
18.64	−0.35	7.64	−12.03	−17.78	−0.024

根据摄站外方位元素概值与表 5.1 中的物方坐标,反解得到对应的像点坐标概值,转换为像素数后与表 5.2 的像点坐标比较(两个方向),差值均小于 25 个像素时认为实现了摄影物点与像点的自动匹配,最终匹配情况如图 5.6 所示。

经检核,自动匹配的标志图像编号与实际对应的物点编号一致,验证了基于两步法的摄影物点与像点自动匹配方法的正确性和有效性。

图 5.6　摄影物点与像点自动匹配情况

结合实际应用条件，对较远拍摄距离条件下（几百米）的摄影物点与像点的自动匹配方案进行研究，提出了基于两步法的摄影物点与像点快速自动匹配方法，在分析该方法基本原理基础上，设计了相应的验证性试验，利用编制的图像量测软件实现了摄影物点与像点的快速自动匹配，验证了方法的正确性和有效性。该方法不依赖编码标志，在实现摄影物点与像点自动匹配的同时可以减小标志尺寸。两步法自动匹配方法算法简便、有效，提高了图像量测软件的自动化处理能力。

5.3　参数自适应的标志图像量测软件设计与实现

摄影标志在 CCD 上投影后为椭圆形图像，图像量测软件按照标志识别和椭圆拟合两个步骤实现标志图像中心像点坐标值的量测。在标志识别中需要根据标志在 CCD 上的成像特征将标志图像提取出来，当采用漫反射摄影标志时，量测特征参数（形状因子、长度、宽度、面积）往往依赖人工分析进行设置，当参数设置不当时往往会导致部分标志点没有识别，甚至会将非标志点纳入进来，如图 5.7 所示，此时还需要对像点数据进行人工甄别，降低了软件自动化处理能力。

图 5.7　参数设置不当导致的误识别

由于动态定位检定平台上搭载了高精度捷联惯导系统，可依据捷联惯导输出的位置信息和姿态信息，经位置归心和姿态转换后作为摄站的概略位置和姿态，此时可根据相机参数得出摄影相机在地面的视场区域以及可能拍摄到的地面标志点。由于地面标志点中心坐标及标志尺寸为已知条件，此时可根据求解椭圆偏心差的方法，拟合得到视场内各地面标志在CCD上的成像椭圆。成像椭圆的特征是图像量测软件内形状因子、长度、宽度、面积等参数的设置依据，根据拟合的点位成像椭圆特征区间进行图像量测软件参数的自动设置。

经过试验，该方法能较好完成图像量测软件内标志参数的自动设置，能有效剔除背景噪声和镜面反射等假标志的影响，提高了摄影标志的识别准确率，也提高了图像量测软件的自动化处理能力。

图5.8为拍摄的复杂背景下的包含漫反射标志的照片，如果参数设置不当，极易出现标志识别不全或者误识别的情况，根据捷联惯导实时位置和姿态进行参数自适应设置后，图5.9显示图像量测软件准确识别了所有标志点。

图5.8 拍摄的漫反射标志图片

图5.9 图像量测软件实现了标志的自动识别

5.4 机载试验缩小比例测试场设计与测量

5.4.1 缩小比例测试场的设计

建立缩小比例测试场的目的是在地面上模拟实际的机载动态定位检定环境，通过摄影测量交会试验推估机载摄影测量交会方法所能实现的定位精度。缩小比例测试场与机载动态检定条件的比较情况如表 5.4 所示，机载试验条件下的摄影距离约为地面摄影距离的 4～6 倍，测试区长度比也是 4～6 倍，两种试验条件保持了长度方向的等比例，设计的摄影标志直径在图像上约占十几个像素，与机载条件下相同。

表 5.4　机载摄影标志场与缩小比例测试场的比较

测试场要素	机载条件	地面条件
摄影距离/m	200	30～50
测试区尺寸/m^2	175×250	33×45
测试区数量	4	2(车辆往复运动)
测试区标志数量	21	21
标志直径/cm	50	10

图 5.10 为缩小比例测试场设计方案，共布设东、西两个标志区(标志布设方案一致)，图 5.8 为拍摄的东标志区标志，摄影标志数量为 21 个，与机载试验保持基本一致。由于布设标志的楼层高度限制，车载试验测试区宽度方向略小。

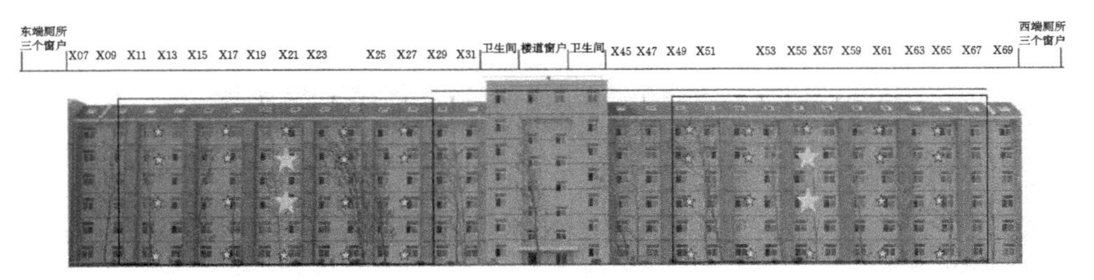

图 5.10　缩小比例测试场设计方案

图 5.11 为测试场前面场景，可以在场地内进行静态摄影测量交会试验以及车载摄影测量交会试验。

图 5.11　缩小比例测试场环境

5.4.2 缩小比例测试场的测量

利用卫星大地测量手段在测试场北面建立了6个大地控制点 A、B、C、D、E、F，控制点在测试场内布设情况如图5.12所示，控制点在CGCS 2000坐标系下坐标如表5.5所示。

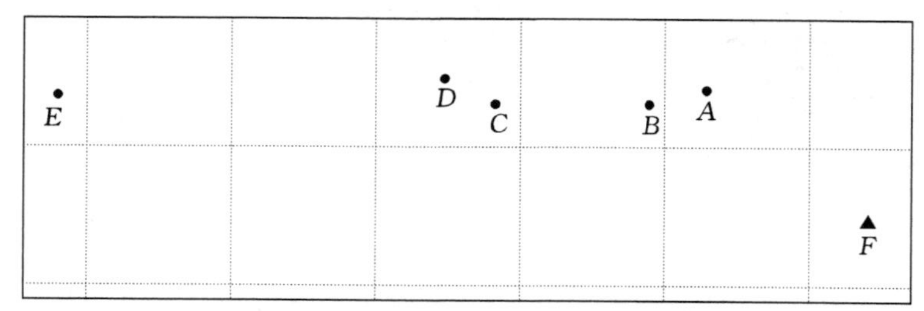

图5.12 控制点在缩小比例测试场内分布

表5.5 控制点测量成果 单位：m

点号	X 坐标	Y 坐标	Z 坐标	点位误差
A	−2 095 948.673 5	4 804 779.655 6	3 621 384.673 9	0.005 3
B	−2 095 933.331 9	4 804 791.155 9	3 621 378.431 9	0.003 5
C	−2 095 884.452 2	4 804 812.633 3	3 621 378.253 0	0.003 6
E	−2 095 744.821 2	4 804 871.236 7	3 621 382.049 9	0.006 8
F	−2 096 020.312 9	4 804 799.723 7	3 621 357.742 6	0.000 0
D	−2 095 866.363 6	4 804 814.927 0	3 621 385.615 1	0.004 1

标志中心均粘贴有带十字丝的全站仪反射片，全站仪棱镜及反射片加常数均单独测定，以 D 点为坐标原点建立当地水平坐标系（东北天坐标），利用徕卡TC1201全站仪测得东侧测试场成果如表5.1所示，西侧测试场测量成果如表5.6所示，点位测量的内符合精度为毫米级。

表5.6 西侧测试场标志中心物方坐标 单位：m

点号	东坐标	北坐标	天坐标
1	−45.240	−36.860	20.863
2	−53.030	−36.888	20.855
3	−60.820	−36.913	20.853
4	−70.380	−36.956	20.851
5	−78.170	−36.990	20.843
6	−45.240	−36.858	16.585
7	−53.030	−36.889	16.586
8	−60.820	−36.920	16.591

续表

点号	东坐标	北坐标	天坐标
9	−70.360	−36.955	16.574
10	−78.160	−36.985	16.578
11	−60.800	−36.924	13.255
12	−45.240	−36.857	10.829
13	−53.030	−36.893	10.831
14	−60.820	−36.926	10.840
15	−70.360	−36.962	10.825
16	−78.150	−36.987	10.830
17	−45.240	−36.858	3.396
18	−53.020	−36.883	3.387
19	−60.810	−36.921	3.385
20	−70.350	−36.961	3.387
21	−78.140	−36.994	3.388

5.5　静态摄影测量后方交会性能验证试验

第 4 章对影响摄影测量交会性能的因素进行了详细的分析，围绕提高摄影测量交会定位精度进行了摄影相机性能选择、相机高精度标校、摄影标志设计、相机稳定性措施等一系列试验及附加措施。计算机仿真试验证明在主距测定误差满足要求的情况下，如果像点坐标量测误差、相机畸变差、内部噪声、图像模糊、色差、椭圆偏心差等全部因素对实际像点坐标的量测误差影响小于 1 个像素，则摄影测量后方交会方法能够实现优于 0.4 m 定位精度(三方向)。但由于摄影交会定位精度影响因素众多，有的影响因素可以定量分析，有的影响因素只能进行定性分析，理论分析与实际情况的契合程度还有待验证，因此需要通过实际的摄影测量交会试验验证理论分析与计算机仿真试验的正确性。

本节在理论分析和仿真试验的基础上，在搭建的缩小比例测试场内进行实际的摄影测量交会定位精度验证试验。架设哈苏 H4D-60 相机进行拍照试验，解算得到摄站(投影中心)坐标。在相机一侧粘贴全站仪反射片(图 5.13)，利用全站仪测量每个点位上的反射片中心坐标(图 5.14)，经位置归心后与解算得到的投影中心位置进行比较，查看摄影测量交会实际所能够达到的精度。最后根据实际条件与本书试验环境(主要是摄影距离)，推估实际机载摄影测量交会试验所能达到的定位精度能否满足多节点摄影/惯导组合测量方法的需求。

图 5.13　相机上粘贴全站仪反射片

图 5.14　静态摄影交会测量拍摄场景

本书中试验仅设计了摄影测量交会定位精度的外符合检验方法，暂未设计相应的姿态测量精度的外符合检验方法，由于书中设计采用了高精度的捷联惯导系统，短时间内姿态测量精度较高，在后面多节点摄影/惯导组合测量方法中主要是利用了摄影节点的位置信息。

5.5.1　基于漫反射标志的静态摄影测量交会定位精度验证试验

在东侧测试场利用哈苏相机（距测试场垂直距离约 36 m）进行拍摄试验，如图 5.15 所示，利用图像量测软件对拍摄的照片进行处理得到标志图像中心坐标，利用相机高精度标校得到的十参数计算像点坐标改正数，完成摄影像点与物点的自动匹配，结果如表 5.7 所示。最后利用编制的摄影测量交会软件得到相机的 6 个外方位元素。将归算的投影中心位置作为精确值与解算相机投影中心位置进行比对，统计静态摄影测量交会定位精度，如表 5.8 所示。

图 5.15　拍摄测试场照片

表 5.7　标志点像点与对应物点坐标　单位:m

点号	x_i	y_i	东	北	天
1	0.015 781 423	−0.005 825 389	25.095	−36.546	20.803
2	0.009 812 897	−0.006 168 066	17.279	−36.582	20.798
3	0.002 134 284	−0.006 618 275	7.734 5	−36.624	20.802
4	−0.004 476 439	−0.006 996 676	−0.058	−36.656	20.790
5	−0.011 422 346	−0.007 401 092	−7.855	−36.694	20.787
6	0.016 289 774	−0.002 690 287	25.091	−36.552	16.577
7	0.010 149 94	−0.002 969 967	17.280	−36.584	16.572
8	0.002 233 724	−0.003 327 929	7.7379	−36.625	16.563
9	−0.004 602 433	−0.003 660 116	−0.064	−36.659	16.583
10	−0.011 787 561	−0.003 996 859	−7.858	−36.691	16.584
11	0.002 320 937	−0.000 600 179	7.743 6	−36.627	13.250
12	0.017 032 73	0.001 879 718	25.089	−36.560	10.849
13	0.010 644 745	0.001 713 205	17.284	−36.589	10.833
14	0.002 383 754	0.001 473 026	7.746 1	−36.625	10.839
15	−0.004 780 335	0.001 268 93	−0.064	−36.658	10.839
16	−0.012 319 888	0.001 052 546	−7.856	−36.694	10.840
17	0.018 118 843	0.008 452 559	25.089	−36.553	3.400
18	0.011 364 324	0.008 432 839	17.293	−36.584	3.404
19	0.002 603 374	0.008 400 111	7.756 4	−36.618	3.413
20	−0.005 039 695	0.008 398 313	−0.065	−36.652	3.396

表 5.8　*D* 控制点上静态摄影测量交会定位精度计算　单位:m

类型	东	北	天
投影中心已知值	0.010	−0.069	−0.429
静态摄影解算位置	−0.037	−0.021	−0.395
坐标差值	0.047	−0.048	−0.034

在另外 4 个不同的点位也进行静态摄影测量交会试验,按照式(3.3)统计 5 次试验结果的投影中心位置解算精度,如表 5.9 所示。

表 5.9　静态摄影测量交会定位不确定度统计(漫反射标志)　单位:m

序号	Δ东	Δ北	Δ天	距测试场垂直距离
1	0.047 0	−0.048 0	−0.034 0	36
2	−0.048 1	−0.020 7	0.022 0	33
3	−0.020 3	−0.028 9	0.037 1	32
4	0.030 8	−0.026 5	0.018 2	30
5	0.027 8	−0.023 6	0.017 7	34
标准不确定度	0.036	0.031	0.027	

从表 5.9 数据可以看出,在 30 m 左右距离处静态摄影测量能够实现优于

4 cm(三方向)的定位精度。

5.5.2 基于回光反射标志的静态摄影测量交会定位精度验证试验

在西侧测试场漫反射标志旁布设与漫反射标志大小相同的回光反射标志,在回光反射标志测试场前进行了5次静态摄影交会定位精度验证试验,相机光圈值设置为32,相机曝光时间设置为1/800,ISO设置为100,采用外置大功率闪光灯,将其输出功率设置为全功率的1/32,静态摄影测量交会定位不确定度统计如表5.10。

表5.10 静态摄影测量交会定位不确定度统计(回光标志) 单位:m

序号	Δ东	Δ北	Δ天	距测试场垂直距离
1	0.014 6	0.031 7	0.037 0	36
2	−0.009 0	0.031 3	0.032 0	37
3	−0.011 3	−0.031 1	0.030 2	32
4	−0.038 1	0.025 7	0.022 4	32
5	−0.000 8	−0.029 0	0.030 9	31
标准不确定度	0.019	0.030	0.030	

5.5.3 试验结论

在距离测试场水平距离30 m左右的位置处拍摄能够在三个方向得到优于4 cm的定位精度。假设误差不包含系统误差,在同等摄影条件下摄影距离增加到200 m,理论上可以实现0.33 m的摄影定位精度,由于试验结果中包含系统误差(基本与距离无关或不呈线性关系),因此在200 m情况下实际达到的精度会优于0.33 m。另外,影像拖影降低量测精度及时间同步引起的误差等会降低摄影定位传递精度,本次摄影由于测试场条件限制,仅仅利用了相机的2/5视场,在实际机载试验中理想情况是将标志点均匀分布于全视场(会提高摄影定位精度),经综合各项因素,推估在200 m机载动态试验条件下摄影测量交会定位所能给惯导传递的定位精度优于0.4 m,可以满足需求。

此外,由于利用回光反光标志可以提高标志图像的对比度,即能够提高像点坐标的量测精度,基于回光反射标志的摄影测量交会定位精度较基于漫反射标志的精度略有提高。

第6章 多节点摄影/惯导组合测量技术研究

本书中第4章对影响摄影交会定位精度的主要因素进行了详细的研究并采取了相应的措施，第5章进行了静态摄影交会定位性能验证试验，推估出在200 m航高条件下高动态摄影测量交会方法能够实现优于0.4 m(三方向)的定位精度，但受限于相机存储速度(周国辉，2005)，哈苏H4D-60相机的拍摄速度为每分钟33张(平均1.4 s一张)，不能满足动态定位检定系统对数据更新率不低于50 Hz的需求。惯性导航导航系统的数据更新率一般在100 Hz以上，且短时定位精度较高，但受陀螺漂移等误差影响，其定位性能随运行时间而快速下降。因此考虑充分利用摄影测量系统和惯性导航系统的特点，将两个系统组合起来应用，取长补短，力图实现高定位精度与高数据更新率的统一(丛佃伟，2015b)。

本章首先对捷联惯性导航系统误差方程及其误差传播模型进行简要介绍，为下一步构建多节点摄影/惯导组合测量误差方程奠定基础。在分析捷联惯性导航系统误差方程基础上，利用差分代替微分的数值计算方法构建了动态条件下的捷联惯导误差传播模型。然后详细介绍了多节点摄影/惯导组合测量技术的基本原理，并搭建了动态定位检定仿真环境，对理论模型进行仿真试验分析和论证，通过计算机仿真试验研究惯导主要误差源(初始姿态误差、初始速度误差、陀螺漂移、加速度计零偏)对多节点摄影/惯导组合测量方法定位性能的影响，在短时动态定位检定区段的条件下，设计了最少4个节点的摄影/惯导组合测量方案，并对地面摄影节点分布方案进行了研究和设计。

详细分析摄影测量交会定位精度、载体运动速度、不同精度惯性器件对多节点摄影/惯导组合定位性能的影响，利用陀螺漂移为0.02°/h级别的捷联惯导系统进行多节点摄影/惯导组合测量半物理仿真试验，在摄影测量交会定位方法位置传递精度为0.5 m条件下，多节点摄影/惯导组合测量方法能够实现水平方向定位不确定度为0.47 m，垂直定位不确定度为0.22 m，能够满足式(3.10)中提出的水平定位不确定度优于0.68 m、垂直方向定位不确定度优于1 m的动态定位检定系统需求技术指标(以北斗卫星导航全球系统定位性能推导得出)，验证了多节点摄影/惯导组合测量方法误差模型和数据处理过程的正确性和可行性。

本章搭建了实际的动态定位检定模拟试验场，进行了多节点摄影/惯导组合测量车载试验，对静态位置归心方案和捷联惯导航向自对准精度进行了测试，验证了动态定位性能检定试验方案的可行性，为下一步开展机载高动态定位性能检定试验奠定了基础。本书中提出的多节点摄影/惯导组合定位方法能够同时实现高精度的测速功能。根据计算机仿真试验、半物理仿真试验和车载试验，利用陀螺漂移为 0.02°/h 级别的捷联惯导系统及设计的动态定位检定环境，多节点摄影/惯导组合测量方法能够实现优于 0.67 m/s 的测速精度，能够满足对卫星导航系统的测速需求（包含因子 $K=3$）。

6.1 捷联惯性导航系统误差方程及误差传播模型

常见的组合系统主要用于导航目的，组合方式主要有松耦合、紧耦合与深耦合三种方式(秦永元，2005；郑剑，2012)。松耦合是一般是基于导航解的融合，紧耦合是主要是基于观测量的融合，深耦合一般认为是信号层次或硬件层次的组合。组合导航系统常用的信息融合算法是卡尔曼(Kalman)滤波算法，主要根据参数的验前估计值和新的观测数据进行状态参数的更新，主要应用于实时导航领域(Huster，2003；Mohammed et al，2010；Qin et al，2012；李荣冰 等，2006；杨元喜，2006；李建 等，2011；于永军，2011；高社生 等，2012)。

本书提出将摄影测量系统和捷联惯性导航系统组合起来的主要目的是利用摄影测量交会定位方式校正惯性导航系统，修正捷联惯导误差以提高输出定位结果的精度。组合的关注点在于通过修正惯性导航系统误差参数以提高定位性能，而对输出结果的实时性没有要求。基于这个区别于实时导航领域的应用特点，依据捷联惯性导航系统误差方程和误差传播模型，提出并研究了多节点摄影/惯导组合测量方法。以飞行路线中多个不同时刻摄影测量节点定位信息作为控制捷联惯导误差的观测量，采用最小二乘最优估计法解算捷联惯导误差参数并修正节点间的捷联惯导定位误差，最终给出动态检定时段内的高数据更新率的高定位精度结果，通过多节点摄影/惯导组合测量技术可实现动态定位性能检定所需要的高定位精度和高数据更新率的统一。

本书采用的组合数据处理方法与目前普遍采用的摄影/惯性组合导航数据处理方法明显不同，后者需要逐历元实时滤波(Wu et al，2005；Lee et al，2008；孙浩，2008)，而本方法是将多个时刻的摄影测量结果作为观测量与捷联惯导系统在这一时段的观测数据进行整体解算。为了与传统方法加以区分，将该方法定义为多节点摄影/惯导组合测量方法，该方法能够同时实现高精度的测速功能。

为实现提出的多节点摄影/惯导组合测量方法误差方程，首先需要研究捷联惯性导航系统的误差方程以及误差传播模型。捷联惯导系统的误差源主要可分为器件误差(也称惯性仪表误差)、初始对准误差、安装误差、环境误差、计算误差以及模型误差等(张宗麟，2000)。捷联惯导出厂时已对安装误差和仪表误差中的稳定部分进行了严格标定补偿，但仍然有部分误差在捷联惯导每次使用时都不相同(王宇，2005；夏家和，2007；卞鸿巍 等，2010)。在捷联惯导设计和生产时已根据使用环境考虑了环境误差,计算误差和模型误差可以通过采用详细的惯导误差建模与高精度导航算法来削弱,在非极端的应用环境中影响较小。在惯性导航误差建模中,通常需要考虑初始对准误差、惯性仪表误差,为使用方便需把相关导航误差参数一并作为状态量进行估计。

6.1.1　捷联惯性导航系统误差方程

利用 Φ 角法(真实坐标系法)推导捷联惯性导航系统误差方程,主要通过在真实的导航坐标系中通过给导航方程一个扰动表示误差因素造成的影响(吴非,2007),误差的参考坐标系采用东、北、天(ENU)坐标系。下面列出捷联惯性导航系统的几个误差方程(董明,2014;秦永元,2015)。

1. 姿态误差方程

根据姿态微分方程,误差方程的一般形式为

$$\dot{\boldsymbol{\varphi}} = \boldsymbol{\varphi} \times \boldsymbol{\omega}_{in}^{n} + \delta\boldsymbol{\omega}_{in}^{n} - \boldsymbol{\varepsilon}^{n} \tag{6.1}$$

式中,$\boldsymbol{\varphi}$ 为失准角矢量,$\boldsymbol{\varepsilon}^{n} = [\varepsilon_{E} \quad \varepsilon_{N} \quad \varepsilon_{U}]^{T}$ 为等效到导航坐标系的陀螺漂移。

姿态误差方程能够表征位置误差、速度误差、失准角误差和陀螺漂移项对捷联惯性导航系统姿态的影响。

2. 速度误差方程

根据速度微分方程,忽略 $\delta\boldsymbol{g}$ 的影响,并略去二阶小量的影响,速度误差方程为

$$\delta\dot{\boldsymbol{V}}^{n} = -\boldsymbol{\varphi}^{n} \times \boldsymbol{f}^{n} + \delta\boldsymbol{V}^{n} \times (2\boldsymbol{\omega}_{ie}^{n} + \boldsymbol{\omega}_{en}^{n}) + \boldsymbol{V}^{n} \times (2\delta\boldsymbol{\omega}_{ie}^{n} + \delta\boldsymbol{\omega}_{en}^{n}) + \nabla^{n} \tag{6.2}$$

式中,$\delta\dot{\boldsymbol{V}}^{n}$ 为导航系下的速度误差,$\boldsymbol{\varphi}^{n}$ 为失准角,$\boldsymbol{f}^{n}$ 为导航系下的加速度计比力观测量,$\boldsymbol{V}^{n}$ 为导航系下的速度,∇^{n} 为导航系下的加速度计等效零偏。

3. 位置误差方程

由位置微分方程,可直接给出位置误差方程在导航坐标系下的分量形式为

$$\begin{bmatrix} \delta\dot{\lambda} \\ \delta\dot{L} \\ \delta\dot{h} \end{bmatrix} = \begin{bmatrix} 0 & \dfrac{V_{E}\tan L\sec L}{R_{N}+h} & \dfrac{-V_{E}\sec L}{(R_{N}+h)^{2}} \\ 0 & 0 & \dfrac{-V_{N}}{(R_{M}+h)^{2}} \\ 0 & 0 & 0 \end{bmatrix} \begin{bmatrix} \delta\lambda \\ \delta L \\ \delta h \end{bmatrix} + \begin{bmatrix} \dfrac{\sec L}{R_{N}+h} & & \\ & \dfrac{1}{R_{M}+h} & \\ & & 1 \end{bmatrix} \begin{bmatrix} \delta V_{E} \\ \delta V_{N} \\ \delta V_{U} \end{bmatrix} \tag{6.3}$$

4. 仪表误差方程

经标定后陀螺仪的残余误差主要为常值漂移、高斯白噪声和慢变漂移(万德钧等,1998)。

常值漂移主要受启动时的环境条件与电气参数等随机性因素影响。启动工作结束后,此漂移量能维持在某固定值左右,对于每次启动工作,该值为随机变量。

高斯白噪声呈现杂乱无章的高频跳变,可以表达为均方差为 δ_{g} 的白噪声过程 $\boldsymbol{w}_{g}$。

慢变漂移随时间变化时，后面时刻的漂移值与前面时刻有一定关联性，且时刻距离越近，依赖关系越显著，可用一阶马尔可夫(Markov)过程描述。慢变漂移在几分钟内的变化不大，与常值漂移和高斯白噪声相比的影响较小，因此常忽略慢变漂移。

因此陀螺漂移模型可以写成

$$\boldsymbol{\varepsilon}=\boldsymbol{\varepsilon}_b+\boldsymbol{w}_g \tag{6.4}$$

式中，$\boldsymbol{\varepsilon}_b$ 为常值漂移，$\boldsymbol{w}_g$ 为白噪声。

经过捷联惯导的标定补偿之后，加速度计可以只考虑两个误差量，表示为

$$\boldsymbol{\nabla}=\boldsymbol{\nabla}_b+\boldsymbol{w}_a \tag{6.5}$$

式中，$\boldsymbol{\nabla}_b$ 为常值漂移，$\boldsymbol{w}_a$ 是均方差 δ_a 的白噪声过程。

把陀螺仪与加速度计的误差模型变换到导航坐标系为

$$\varepsilon^n=\begin{bmatrix}\varepsilon_E\\ \varepsilon_N\\ \varepsilon_U\end{bmatrix}=\boldsymbol{C}_b^n\begin{bmatrix}\varepsilon_{bx}+w_{gx}\\ \varepsilon_{by}+w_{gy}\\ \varepsilon_{bz}+w_{gz}\end{bmatrix} \tag{6.6}$$

式中，$[\varepsilon_{bx},\varepsilon_{by},\varepsilon_{bz}]$ 为三个陀螺仪的陀螺漂移，$[w_{gx},w_{gy},w_{gz}]$ 为三个陀螺仪的白噪声。

$$\nabla^n=\begin{bmatrix}\nabla_E\\ \nabla_N\\ \nabla_U\end{bmatrix}=\boldsymbol{C}_b^n\begin{bmatrix}\nabla_{bx}+w_{ax}\\ \nabla_{by}+w_{ay}\\ \nabla_{bz}+w_{az}\end{bmatrix} \tag{6.7}$$

式中，$[\nabla_{bx},\nabla_{by},\nabla_{bz}]$ 为三个加速度计的陀螺漂移，$[w_{ax},w_{ay},w_{az}]$ 为三个加速度计的白噪声。

6.1.2　捷联惯性导航系统误差微分方程的状态空间形式

根据对捷联惯导误差源的分析，捷联惯性导航系统应该将初始误差、仪表误差和导航参数误差作为状态量放入误差模型。在式(6.1)～式(6.3)和式(6.7)基础上，可以建立捷联惯导系统的误差微分方程，该方程是捷联惯导系统与摄影测量系统进行组合多节点摄影/惯导组合测量的基础。

设状态变量为

$$\boldsymbol{X}=[\phi_E\ \ \phi_N\ \ \phi_U\ \ \delta V_E\ \ \delta V_N\ \ \delta V_U\ \ \delta\lambda\ \ \delta L\ \ \delta h\ \ \varepsilon_x\ \ \varepsilon_y\ \ \varepsilon_z\ \ \nabla_x\ \ \nabla_y\ \ \nabla_z]^{\mathrm T} \tag{6.8}$$

式中，ϕ_E、ϕ_N、ϕ_U 是三个轴向在导航坐标系的失准角，δV_E、δV_N、δV_U 是三个方向的速度误差，$\delta\lambda$、δL、δh 是在经度、纬度与高程方向上的位置误差，其余为陀螺漂移与加速度计零偏分量。这样便能建立起连续系统状态方程(秦永元，2015)

$$\dot{\boldsymbol{X}}=\boldsymbol{F}\boldsymbol{X}+\boldsymbol{W} \tag{6.9}$$

式中，状态矩阵可写成为

$$\boldsymbol{F}=\begin{bmatrix}\boldsymbol{F}_{11} & \boldsymbol{F}_{12} & \boldsymbol{F}_{13} & -\boldsymbol{C}_b^n & \boldsymbol{0}_{3\times3}\\ \boldsymbol{F}_{21} & \boldsymbol{F}_{22} & \boldsymbol{F}_{23} & \boldsymbol{0}_{3\times3} & \boldsymbol{C}_b^n\\ \boldsymbol{0}_{3\times3} & \boldsymbol{F}_{32} & \boldsymbol{F}_{33} & \boldsymbol{0}_{3\times3} & \boldsymbol{0}_{3\times3}\\ & & \boldsymbol{0}_{6\times15} & & \end{bmatrix} \tag{6.10}$$

根据姿态误差方程可得

$$\boldsymbol{F}_{11}=\begin{bmatrix} 0 & \omega_{ie}\sin L+\dfrac{V_{\mathrm{E}}\tan L}{R_N+h} & -\omega_{ie}\cos L-\dfrac{V_{\mathrm{E}}}{R_N+h} \\ -\omega_{ie}\sin L-\dfrac{V_{\mathrm{E}}\tan L}{R_N+h} & 0 & -\dfrac{V_{\mathrm{N}}}{R_M+h} \\ \omega_{ie}\cos L+\dfrac{V_{\mathrm{E}}}{R_N+h} & \dfrac{V_{\mathrm{N}}}{R_M+h} & 0 \end{bmatrix} \tag{6.11}$$

$$\boldsymbol{F}_{12}=\begin{bmatrix} 0 & -\dfrac{1}{R_M+h} & 0 \\ \dfrac{1}{R_N+h} & 0 & 0 \\ \dfrac{\tan L}{R_N+h} & 0 & 0 \end{bmatrix} \tag{6.12}$$

$$\boldsymbol{F}_{13}=\begin{bmatrix} 0 & 0 & \dfrac{V_{\mathrm{N}}}{(R_M+h)^2} \\ 0 & -\omega_{ie}\sin L & -\dfrac{V_{\mathrm{E}}}{(R_N+h)^2} \\ 0 & \omega_{ie}\cos L+\dfrac{V_{\mathrm{E}}\sec^2 L}{(R_N+h)} & -\dfrac{V_{\mathrm{E}}\tan L}{(R_N+h)^2} \end{bmatrix} \tag{6.13}$$

根据速度误差方程可得

$$\boldsymbol{F}_{21}=\begin{bmatrix} 0 & -f_{\mathrm{U}} & f_{\mathrm{N}} \\ f_{\mathrm{U}} & 0 & -f_{\mathrm{E}} \\ -f_{\mathrm{N}} & f_{\mathrm{E}} & 0 \end{bmatrix} \tag{6.14}$$

$$\boldsymbol{F}_{22}=\begin{bmatrix} \dfrac{V_{\mathrm{N}}\tan L-V_{\mathrm{U}}}{R_N+h} & 2\omega_{ie}\sin L+\dfrac{V_{\mathrm{E}}\tan L}{R_N+h} & -2\omega_{ie}\cos L-\dfrac{V_{\mathrm{E}}}{R_N+h} \\ -2\omega_{ie}\sin L-\dfrac{2V_{\mathrm{E}}\tan L}{R_N+h} & -\dfrac{V_{\mathrm{U}}}{R_M+h} & -\dfrac{V_{\mathrm{N}}}{R_M+h} \\ 2\omega_{ie}\cos L+\dfrac{2V_{\mathrm{E}}}{R_N+h} & \dfrac{2V_{\mathrm{N}}}{R_M+h} & 0 \end{bmatrix} \tag{6.15}$$

$$\boldsymbol{F}_{23}=\begin{bmatrix} 0 & 2\omega_{ie}(V_{\mathrm{U}}\sin L+V_{\mathrm{N}}\cos L)+\dfrac{V_{\mathrm{N}}V_{\mathrm{E}}\sec^2 L}{R_N+h} & \dfrac{V_{\mathrm{U}}V_{\mathrm{E}}-V_{\mathrm{N}}V_{\mathrm{E}}\tan L}{(R_N+h)^2} \\ 0 & -2V_{\mathrm{E}}\omega_{ie}\cos L-\dfrac{V_{\mathrm{E}}^2\sec^2 L}{R_N+h} & \dfrac{V_{\mathrm{U}}V_{\mathrm{N}}}{(R_M+h)^2}+\dfrac{V_{\mathrm{E}}^2\tan L}{(R_N+h)^2} \\ 0 & -2V_{\mathrm{E}}\omega_{ie}\sin L & -\dfrac{V_{\mathrm{N}}^2}{(R_M+h)^2}-\dfrac{V_{\mathrm{E}}^2}{(R_N+h)^2} \end{bmatrix} \tag{6.16}$$

根据位置误差方程可得

$$\boldsymbol{F}_{32}=\begin{bmatrix}\dfrac{\sec L}{R_N+h} & & \\ & \dfrac{1}{R_M+h} & \\ & & 1\end{bmatrix} \tag{6.17}$$

$$\boldsymbol{F}_{33}=\begin{bmatrix}0 & \dfrac{V_{\mathrm{E}}\tan L\sec L}{R_N+h} & -\dfrac{V_{\mathrm{E}}\sec L}{(R_N+h)^2} \\ 0 & 0 & -\dfrac{V_{\mathrm{N}}}{(R_M+h)^2} \\ 0 & 0 & 0\end{bmatrix} \tag{6.18}$$

式中，$\boldsymbol{W}$ 为系统噪声向量，如下式

$$\boldsymbol{W}=[w_{g\mathrm{E}}\quad w_{g\mathrm{N}}\quad w_{g\mathrm{U}}\quad w_{a\mathrm{E}}\quad w_{a\mathrm{N}}\quad w_{a\mathrm{U}}\quad 0\quad 0\quad 0\quad 0\quad 0\quad 0]^{\mathrm{T}} \tag{6.19}$$

式中，$w_{g\mathrm{E}}$、$w_{g\mathrm{N}}$、$w_{g\mathrm{U}}$ 分别为陀螺随机漂移等效在导航坐标系上的三个分量，$w_{a\mathrm{E}}$、$w_{a\mathrm{N}}$、$w_{a\mathrm{U}}$ 分别为加速度计随机误差等效在导航坐标系上的三个分量。

6.1.3　差分法推求动态条件下捷联惯性导航系统误差传播模型

SINS误差微分方程给出了状态量之间的递推关系，而SINS误差传播模型给出的是初始误差与每个时刻捷联惯导状态量的影响关系（董明，2014；卞鸿巍 等，2010）。在静态条件下，可以对捷联惯性导航系统误差微分方程进行积分运算，通过拉普拉斯变换与反变换推导出捷联惯导误差传播模型。但是在捷联惯导处于运动状态时不能获得解析模型，因此要通过雅可比（Jacobian）矩阵来确定运动状态下的初始误差和每个时刻误差间的传播关系，再通过数值计算方式确定雅可比矩阵中每个元素的系数，从而得到动态条件下的误差传播模型。

雅可比矩阵是由 n 个 n 元函数偏导数组成的矩阵，在连续可微的前提下，该矩阵是函数组微分形式下的系数矩阵，各个时刻导航状态量与初始状态量之间利用式 $\boldsymbol{X}(t)=\boldsymbol{\Phi}(t,t_0)\boldsymbol{X}(t_0)$ 建立关系，本书利用雅可比行列式来构造状态转移矩阵 $\boldsymbol{\Phi}(t,t_0)$，表示为

$$\boldsymbol{J}(t)=\frac{\partial(\boldsymbol{X}_1(t),\boldsymbol{X}_2(t),\cdots,\boldsymbol{X}_m(t))}{\partial(\boldsymbol{X}_1(0),\boldsymbol{X}_2(0),\cdots,\boldsymbol{X}_n(0))}=\begin{bmatrix}\dfrac{\partial\boldsymbol{X}_1(t)}{\partial\boldsymbol{X}_1(0)} & \dfrac{\partial\boldsymbol{X}_1(t)}{\partial\boldsymbol{X}_2(0)} & \cdots & \dfrac{\partial\boldsymbol{X}_1(t)}{\partial\boldsymbol{X}_n(0)} \\ \dfrac{\partial\boldsymbol{X}_2(t)}{\partial\boldsymbol{X}_1(0)} & \dfrac{\partial\boldsymbol{X}_2(t)}{\partial\boldsymbol{X}_2(0)} & \cdots & \dfrac{\partial\boldsymbol{X}_2(t)}{\partial\boldsymbol{X}_n(0)} \\ \vdots & \vdots & & \vdots \\ \dfrac{\partial\boldsymbol{X}_m(t)}{\partial\boldsymbol{X}_1(0)} & \dfrac{\partial\boldsymbol{X}_m(t)}{\partial\boldsymbol{X}_2(0)} & \cdots & \dfrac{\partial\boldsymbol{X}_m(t)}{\partial\boldsymbol{X}_n(0)}\end{bmatrix} \tag{6.20}$$

式中，$\boldsymbol{X}=[\varphi_{\mathrm{E}}\ \ \varphi_{\mathrm{N}}\ \ \varphi_{\mathrm{U}}\ \ \delta V_{\mathrm{E}}\ \ \delta V_{\mathrm{N}}\ \ \delta V_{\mathrm{U}}\ \ \delta\lambda\ \ \delta L\ \ \delta h\ \ \varepsilon_x\ \ \varepsilon_y\ \ \varepsilon_z\ \ \nabla_x\ \ \nabla_y\ \ \nabla_z]^{\mathrm{T}}$ 表示的是状态变量，$\boldsymbol{X}_i(0)$ 是初始时刻的第 i 个状态变量，$\boldsymbol{X}_j(t)$ 是 t 时刻的第 j 个导航状态变量。

利用式(6.20)可以建立每个时刻的导航状态量和初始状态量的全微分状态关系

$$\mathrm{d}(\boldsymbol{X}(t))=\boldsymbol{J}(t)\mathrm{d}(\boldsymbol{X}(0)) \tag{6.21}$$

由于通过理论推导的方法不能求得 $\boldsymbol{J}(t)$ 的解析式，本书提出利用数值来求取 $\boldsymbol{J}(t)$ 中各时刻行列式系数。设

$$\boldsymbol{X}_i(t)=f(\boldsymbol{X}_1(0),\boldsymbol{X}_2(0),\cdots,\boldsymbol{X}_j(0),\cdots,\boldsymbol{X}_n(0),t) \tag{6.22}$$

由偏导数定义得

$$\begin{aligned}J_{ij}(t)&=\frac{\partial \boldsymbol{X}_i(t)}{\partial \boldsymbol{X}_j(0)}\\&=\lim_{\delta_j\to 0}\frac{f(\boldsymbol{X}_1(0),\cdots,\boldsymbol{X}_j(0)+\delta_j,\cdots,\boldsymbol{X}_n(0),t)-f(\boldsymbol{X}_1(0),\cdots,\boldsymbol{X}_j(0),\cdots,\boldsymbol{X}_n(0),t)}{\delta_j}\end{aligned} \tag{6.23}$$

当 δ_j 足够小时，式(6.23)可近似为

$$\begin{aligned}J_{ij}(t)&=\frac{\partial \boldsymbol{X}_i(t)}{\partial \boldsymbol{X}_j(0)}\\&\approx\frac{f(\boldsymbol{X}_1(0),\cdots,\boldsymbol{X}_j(0)+\delta_j,\cdots,\boldsymbol{X}_n(0),t)-f(\boldsymbol{X}_1(0),\cdots,\boldsymbol{X}_j(0),\cdots,\boldsymbol{X}_n(0),t)}{\delta_j}\\&=\frac{\boldsymbol{X}_i(t,\delta_j)-\boldsymbol{X}_i(t)}{\delta_j}\end{aligned} \tag{6.24}$$

本章推导式(6.24)的基本思路是利用差分近似代替微分的数值计算思想，在捷联惯性导航系统数据处理时，雅可比行列式 $J(t)$ 的计算步骤如下：

(1)给定一组初始捷联惯性导航系统初始参数 $\boldsymbol{X}(0)$。

(2)通过给定参数进行捷联惯性导航的解算，这样能获得每个时刻下的导航状态量 $\boldsymbol{X}(t)$，可写成式(6.22)的形式。

(3)分别对每一个初始参数的值进行改变，在初始参数 $X_j(0)$ 上添加一个微小量 δ_j 后再进行导航计算，此时能得到各个时刻的导航状态量 $\boldsymbol{X}(t,\delta_j)$。

(4)按照式(6.24)，计算 $\boldsymbol{X}(t,\delta_j)$ 与 $\boldsymbol{X}(t)$ 的差分值，可以得到雅可比行列式 $J(t)$ 中各个元素的数值。

通过上述步骤能够构建利用雅可比行列式表达的状态转移矩阵，从而将每个时刻的导航状态量 $\boldsymbol{X}(t)$ 和初始状态量 $\boldsymbol{X}(0)$ 的全微分状态建立起转移关系。在局部 SINS 误差模型符合线性化的特征(式(6.25))，这是模型成立的前提，此情况已经有较多文献进行了论述，在此不再赘述。利用数值方法计算雅可比矩阵方法

的正确性可参见相关文献的论证(董明,2014)。

$$\boldsymbol{X}_i(t,n\delta_j)-\boldsymbol{X}_i(t)\approx n(\boldsymbol{X}_i(t,\delta_j)-\boldsymbol{X}_i(t))\ (n\leqslant 1) \tag{6.25}$$

6.2 多节点摄影/惯导组合测量方法基本原理

6.2.1 基本原理

多节点摄影/惯导组合测量方法是搭建动态定位检定系统的基础,首先对其基本原理进行介绍。起飞前经自标定的捷联惯导以高采样率记录动态检定平台的运动加速度和角速度信息,通过积分可进一步得到载体的速度、姿态和位置信息,由于受到捷联惯导误差源(初始姿态误差、初始速度误差、陀螺漂移、加速度计零偏)的影响,捷联惯导计算信息的精度随时间不断降低。依据捷联惯性导航系统的误差传播模型,可以给出初始误差与各个时刻导航误差的关系。因此,如果能够得到部分时刻的导航误差,则可以利用该模型求解初始误差参数,利用求解得到的捷联惯导误差参数进一步修正各个时刻的导航误差。因此,在获得捷联惯性导航系统误差传播模型的前提下,关键就是将部分时刻的导航误差作为组合系统的观测量。

观测量可以按照前文所述的动态检定设计方案获得,挂载动态定位检定平台的飞机起飞后高速通过地面标志场,摄影控制软件控制相机在每个标志区上空拍照,依据摄影测量交会原理,高分辨率相机能够通过拍摄有精确坐标的地面标志计算得到拍摄时刻高精度的相机投影中心位置信息,如图 6.1 所示。摄影测量交会得到的位置信息经过位置归心之后,可以归算作为该时刻捷联惯导系统的真实位置,与捷联惯导实时输出量比较可以得到捷联惯导定位误差观测量。

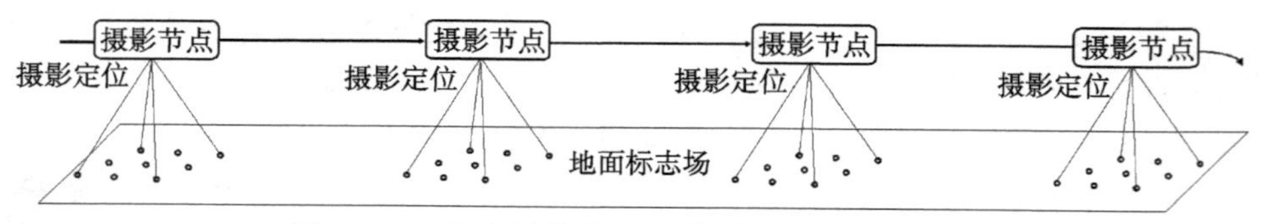

图 6.1 多节点摄影/惯导组合测量方法实施过程

多节点摄影/惯导组合测量方法基本数据流程如图 6.2 所示,基本步骤如下:

(1)根据捷联惯导精度水平以及动态定位检定对定位的精度要求,确定需要估计的初始误差参数 $\boldsymbol{X}(0)$,这部分将在 6.2.2 小节中进行分析。

(2)利用摄影测量在第一个节点(t_0 时刻)给出的精确位置信息,给定捷联惯导的初始信息。

(3)利用摄影测量在其他节点($t_1,t_2,\cdots,t_i$ 时刻)给出的位置信息 $\boldsymbol{P}(t_i)$ 和惯导输出的位置观测量 $\boldsymbol{P}^{\mathrm{INS}}(t_i)$,得到惯导位置误差观测量 $\boldsymbol{L}(t_i)=\boldsymbol{P}^{\mathrm{INS}}(t_i)-\boldsymbol{P}(t_i)$。

(4)根据捷联惯性导航误差传播模型,利用数值计算方法给出初始时刻未知参数 $\boldsymbol{X}(0)$ 与导航位置误差之间的雅可比矩阵 $\boldsymbol{J}(t)$,使

$$\boldsymbol{J}(t)\boldsymbol{X}(0)=\boldsymbol{L}(t) \tag{6.26}$$

式中,$\boldsymbol{X}(0)=[X_1(0)\ \ X_2(0)\ \ \cdots\ \ X_n(0)]^{\mathrm{T}}$,$\boldsymbol{L}(t)=[L(t_1)\ \ L(t_2)\ \ \cdots\ \ L(t_i)]^{\mathrm{T}}$,雅可比矩阵则变为

$$\boldsymbol{J}(t)=\begin{bmatrix}\dfrac{\partial P(t_1)}{\partial X_1(0)} & \dfrac{\partial P(t_1)}{\partial X_2(0)} & \cdots & \dfrac{\partial P(t_1)}{\partial X_n(0)}\\ \dfrac{\partial P(t_2)}{\partial X_1(0)} & \dfrac{\partial P(t_2)}{\partial X_2(0)} & \cdots & \dfrac{\partial P(t_2)}{\partial X_n(0)}\\ \vdots & \vdots & & \vdots\\ \dfrac{\partial P(t_i)}{\partial X_1(0)} & \dfrac{\partial P(t_i)}{\partial X_2(0)} & \cdots & \dfrac{\partial P(t_i)}{\partial X_n(0)}\end{bmatrix} \tag{6.27}$$

(5)建立误差方程并求解初始误差参数 $\boldsymbol{X}(0)$,根据式(6.27),利用最小二乘原理解算初始误差参数 $\boldsymbol{X}(0)$ 为

$$\boldsymbol{X}(0)=(\boldsymbol{J}(t)^{\mathrm{T}}\boldsymbol{J}(t))^{-1}\boldsymbol{J}(t)\boldsymbol{L}(t) \tag{6.28}$$

(6)利用求得的初始误差参数修正捷联惯导输出数据,得到修正后的位置和速度数值作为最终结果,其数据处理流程如图 6.2 所示。

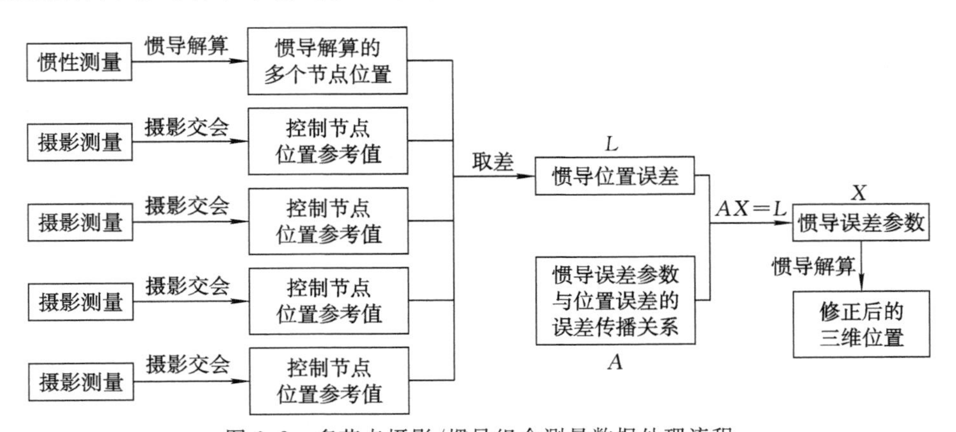

图 6.2 多节点摄影/惯导组合测量数据处理流程

实现上述方法还需要详细讨论捷联惯性导航初始误差参数 $\boldsymbol{X}(0)$ 的选取和摄影控制节点的数量及分布。摄影控制节点的数量决定了观测量 $\boldsymbol{L}(t)$ 的数量。初始误差参数的选取和摄影控制节点的数量及分布共同决定了误差传播矩阵 $\boldsymbol{J}(t)$。

6.2.2 初始误差参数的选取

初始误差参数的选取是实现多节点摄影测量/惯导组合的首要环节。选取初始误差参数的主要依据是捷联惯导在短时间内的误差传播规律、误差传播时间以

及定位精度指标。在本书应用背景下，动态定位检定所需的时间决定了误差传播时间的设定，动态定位检定系统的精度指标也影响着初始误差参数的选取。初始误差参数选取时要避免以下两种情况：

(1)去参数化。未实现应选误差参数的正确选取，在方程的解算中会引入较大的系统误差，导致难以得到精确解。

(2)过参数化。选取的参数过多，此时可能导致方程解算病态，方程得到的解算结果不稳定，另外还会增加地面标志区的布设数量。

第3章总体设计中已明确了动态定位检定试验的外部环境，可以通过仿真实际的外部条件来讨论如何选取合适的初始误差参数。

1. 误差参数选取主要流程

选取误差参数的主要流程如下：

(1)确定捷联惯导设备的主要误差参数和各项误差的概略精度指标。

(2)对每一项误差的传播进行单独仿真，确定各项误差随着时间造成的惯导定位、测速误差大小。

(3)在指定的时间段内，比较各项误差造成的定位、测速误差是否满足动态定位检定所需的精度指标要求，对于不满足指标要求的将其选作多节点摄影/惯导组合方法待估计的误差参数。

2. 仿真试验及结论

依据上述方法，通过计算机仿真试验研究适用于多节点摄影/惯导组合测量方法的误差参数选取方案。按照动态定位检定的精度指标要求，初步设定捷联惯导误差参数为：三个方向的初始失准角均为0.1°，初始速度误差为1 m/s，陀螺仪漂移为0.1°/h，加速度计零偏0.05 mg。该指标是典型的中高精度激光捷联惯性导航系统的误差参数。

值得一提的是，捷联惯导位置信息与捷联惯导实时速度值密切相关，而速度对捷联惯导参数的变化更敏感，本节将通过分析增加惯导误差参数后速度的变化情况来进行误差参数的选取。另外，由于天向速度误差与重力异常等密切相关，表现为一定的发散性，本节主要通过东向速度和北向速度误差的分析进行多节点摄影/惯导组合方法误差参数的选取，参数选取的正确性将在后面的计算机仿真试验和车载试验中进行验证。

利用6.1.3小节推导出的捷联惯性导航系统误差传播模型，可以分析捷联惯导各项误差参数在30 s内造成的速度误差。仿真采用的方法是每次添加单独的一个误差参数，得到捷联惯导的速度输出量，将这个输出量与速度真值相减得到速度误差。仿真试验中采用动态定位检定载体仿真运动情况如表6.1所示，该仿真中综合了多种运动形式。

表 6.1　动态定位检定载体仿真运动状态

时间/s	运动类型	线加速度 /ms^{-2}	转动角度 /(°)	时间/s	运动类型	线加速度 /ms^{-2}	转动角度 /(°)
1	匀速			17	匀速		
2	加速	5.5		18	加速	6.5	
3	匀速			19	匀速		
4	左转弯		10	20	减速	−2.9	
5	匀速			21	匀速		
6	右转弯		10	22	加速	1.2	
7	匀速			23	匀速		
8	左转弯		10	24	减速	−6.8	
9	匀速			25	匀速		
10	右转弯		10	26	加速	1.1	
11	匀速			27	匀速		
12	左转弯		10	28	拉升		4
13	匀速			29	匀速		
14	右转弯		10	30	俯冲		4
15	匀速			31	匀速		
16	减速	−4.7		32	拉升		4

表 6.2 中统计了上述主要误差源在第 1 s、第 15 s、第 30 s 三个时刻造成的速度误差仿真结果。

表 6.2　短时间内单个捷联惯导误差源导致的速度误差　　单位:m/s

	东向速度误差			北向速度误差		
时间	1 s	15 s	30 s	1 s	15 s	30 s
东向失准角	1.25E−06	2.84E−04	1.12E−03	1.71E−02	2.56E−01	5.12E−01
北向失准角	−1.71E−02	−2.56E−01	−5.12E−01	1.35E−06	3.04E−04	1.23E−03
天向失准角	2.00E−05	9.95E−03	6.14E−04	2.56E−05	2.31E−04	1.75E−04
东向陀螺漂移	−1.10E−10	3.17E−05	1.03E−04	−2.40E−06	−5.30E−04	−2.12E−03
北向陀螺漂移	2.37E−06	5.31E−04	2.12E−03	−1.20E−10	3.17E−05	1.03E−04
天向陀螺漂移	−2.80E−09	−6.60E−06	4.91E−05	−3.60E−09	2.36E−05	2.26E−05
东向加表零偏	4.89E−04	7.30E−03	1.46E−02	−2.55E−08	5.05E−04	4.87E−04
北向加表零偏	2.26E−08	−5.05E−04	−4.90E−04	4.89E−04	7.30E−03	1.46E−02
北向加表零偏	0.00E+00	4.57E−11	−9.50E−09	0.00E+00	−1.30E−10	−7.00E−05
总误差	−1.65E−02	−2.38E−01	−4.94E−01	1.76E−02	2.64E−01	5.26E−01

由表 6.2 中的速度误差计算结果得出如下结论:

(1)按照仿真试验中设定的误差参数,中高精度捷联惯导在 30 s 内,造成东向速度误差的主要误差源为北向失准角和东向加表零偏,造成北向速度误差的主要误差源为东向失准角和北向加表零偏,这四项误差对位置误差的影响具有与速度误差一致的影响。因此,将东向失准角、北向失准角、东向加表零偏和北向加表零偏四项误差作为多节点摄影/惯导组合方法误差参数，需要至少4个节点的摄影节点信息才能完成对初始误差参数的最优估计。

(2)其余初始误差参数在30 s内造成的速度误差影响在每秒毫米的误差量级上，对动态定位、测速的影响较小，可以不作为初始误差参数。如果有多余的摄影节点信息，也可选取更多的惯导误差参数作为多节点摄影/惯导组合测量方法的初始误差参数进行估计。

6.3　控制节点的数量及分布方案设计

高精度的摄影节点位置信息为捷联惯导系统提供了位置观测量，观测量的数量、精度和分布结构对于估计初始的误差参数并最终修正捷联惯导误差起了决定性的作用，也决定了动态定位检定系统所能实现的最终精度。因此，必须在不同的观测精度条件下详细研究所需控制节点的数量以及控制节点在整个动态检定阶段的分布方案。

理论上，控制节点的数量越多、分布越稠密，对于求解初始未知参数和提高摄影节点/惯导组合测量的精度贡献越大。然而，在飞行载体高速运动的条件下，控制节点越多，地面布设控制场的成本越高，实现难度也随之增大。因此，研究控制节点的数量和分布方案设计的主要目的是，在保证精度指标的前提下，尽可能减少节点数量，并采用最优化分布方案。

在飞行阶段，控制节点的位置信息由高精度摄影测量交会方法获得。而在飞机起飞前，动态定位检定平台处于静止条件下，实际上也可以提供静态的高精度位置信息，作为控制节点提供观测量，辅助起飞后空中的动态定位检定过程，本节对这种情况也进行了讨论。

6.3.1　摄影测量控制节点的分布方案设计

1. 方案设计

该方案仅采用空中摄影测量方式拍摄地面标志场为捷联惯导提供控制节点，以第一个控制节点作为惯性导航解算的初始时刻，利用摄影得到的位置初始化惯性导航系统，该时刻的误差参数设定为初始误差参数。根据6.2.2小节中的分析结论，初始误差参数选定为4个，因此需至少选取4个观测量才能解算方程未知数，设置节点数量则至少为4个。

书中给出四种不同数量、不同分布的控制节点布设方案，如图6.3所示，对四种方案的试验结果进行比较分析以得到最优化的方案，其中，动态定位检定的时间段均设置为15 s。四种方案如下所述：

方案一：动态定位检定的起始和结尾各布设2个控制节点，中间为动态检定时间段。

方案二：动态定位检定的起始和结尾各布设 3 个控制节点，中间为动态检定时间段。

方案三：动态定位检定的起始有 2 个控制节点，结尾有 1 个控制节点，再隔 15 s 后还有 1 个控制节点。

方案四：动态定位检定的起始和结尾各有 2 个控制节点，再隔 15 s 后还有 2 个控制节点。

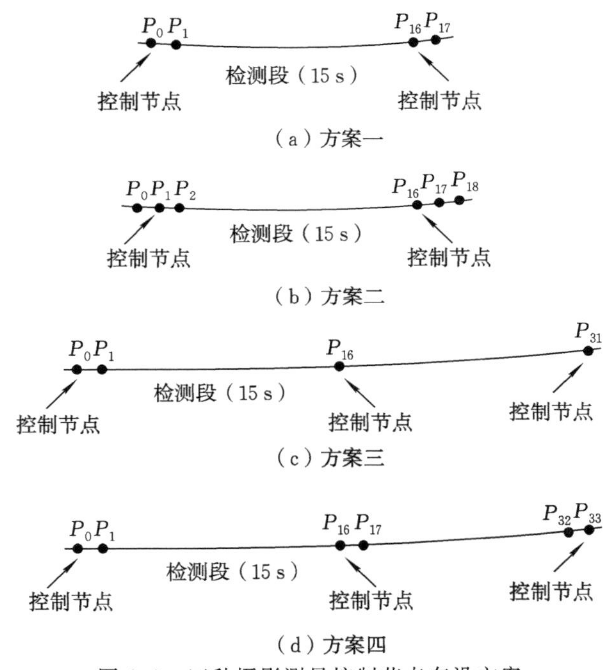

图 6.3　四种摄影测量控制节点布设方案

2. 仿真试验

对以上四种方案进行计算机仿真试验，仿真运动包含加速、减速、转弯等过程，其各时刻的运动状态参照表 6.1。初始时刻速度设定为 200 m/s。捷联惯导系统基本误差参数设定为：陀螺仪漂移为 0.1°/h，加速度计零偏为 0.05 mg。对以上四种方案，仿真结果还分别分析了摄影测量定位精度分别为 0.5 m 和 0.2 m 两种条件下的定位、测速精度。

对这四个方案都使用相同的数据处理方法，分别进行 100 次仿真计算，统计各个方案在 15 s 动态定位检定段在东向和北向的位置误差平均值和标准不确定度，如表 6.3 和表 6.5 所示。在东向和北向的速度误差平均值和标准不确定度，如表 6.4 和表 6.6 所示。

表6.3　摄影测量随机定位误差为0.5 m时四种方案的位置误差统计　单位:m

统计量	方案一		方案二		方案三		方案四	
	东向	北向	东向	北向	东向	北向	东向	北向
平均值	0.839	0.792	0.532	0.549	0.387	0.404	0.374	0.356
标准不确定度	0.312	0.296	0.203	0.175	0.088	0.095	0.084	0.082

表6.4　摄影测量随机定位误差为0.5 m时四种方案的速度误差统计 单位:m/s

统计量	方案一		方案二		方案三		方案四	
	东向	北向	东向	北向	东向	北向	东向	北向
平均值	0.237	0.216	0.123	0.117	0.042	0.043	0.036	0.035
标准不确定度	0.249	0.211	0.119	0.111	0.039	0.040	0.031	0.031

表6.5　摄影测量随机定位误差为0.2 m时四种方案的位置误差统计　单位:m

统计量	方案一		方案二		方案三		方案四	
	东向	北向	东向	北向	东向	北向	东向	北向
平均值	0.489	0.445	0.378	0.374	0.146	0.153	0.132	0.135
标准不确定度	0.346	0.332	0.235	0.298	0.132	0.114	0.112	0.098

表6.6　摄影测量随机定位误差为0.2 m时四种方案的速度误差统计 单位:m/s

统计量	方案一		方案二		方案三		方案四	
	东向	北向	东向	北向	东向	北向	东向	北向
平均值	0.080	0.085	0.046	0.049	0.015	0.015	0.014	0.014
标准不确定度	0.081	0.095	0.046	0.049	0.013	0.016	0.012	0.012

3. 试验结论

分析表6.3～表6.6仿真试验结果,结论如下:

(1)方案三、方案四的动态检定定位、测速精度均明显优于方案一、方案二,表明增加中间控制节点、使节点分布均匀有利于提高多节点摄影/惯导组合测量的定位、测速精度。

(2)在控制节点分布一定的情况下,增加节点数量会提高多节点摄影/惯导组合测量的定位测速精度,但是相比于节点分布而言,单纯在一个控制节点附近增加节点对精度的提升不如分散布设更显著。

(3)按照方案三进行设计,在摄影测量随机定位误差为0.5 m的情况下,能够达到优于0.5 m的定位精度和5 cm/s的水平方向的测速精度,在精度上明显优于方案一和方案二,同时使用的控制节点数量明显少于方案四,是一种可供参考的控制节点设计方案。

6.3.2　静态控制点与摄影测量控制节点组合的分布方案设计

1. 方案设计

本节讨论另外一种控制节点设计方案。考虑到飞机起飞前和降落后,载体处于静止条件，可利用静态条件下的高精度位置和速度信息作为控制节点，为多节点摄影/惯导组合测量方法提供位置、速度观测量，与飞行过程中得到的摄影测量交会定位观测量联合解算，完成动态定位性能检定过程。

具体实施时的方案设计如图 6.4 所示，飞机起飞前先进行 5 min 左右的静态惯性测量，空中阶段仍然依照由摄影测量给出少量的位置观测值作为控制节点，降落后再进行 5 min 左右的静态惯性测量。利用起飞点静态测量、空中摄影测量与降落后的静态测量共同控制动态检定时段的惯性导航误差。

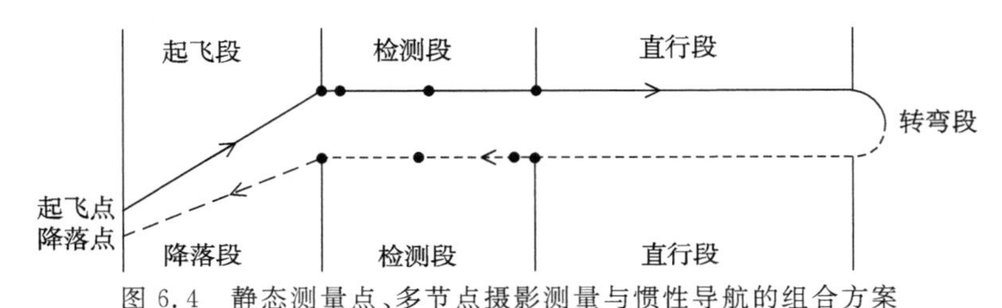

图 6.4 静态测量点、多节点摄影测量与惯性导航的组合方案

2. 仿真试验

对于该方案，采用仿真方法进行验证。由于本方案与 6.3.1 小节中的方案观测量和过程均不相同，难以使用同样的运动轨迹进行仿真对比。参照图 6.4 给出的方案，运动轨迹的仿真情况如图 6.5 所示，其各时刻的基本运动状态如表 6.7 所示，飞机飞行速度为 550～720 km/h。空中动态定位检定阶段部分为加速、减速、转弯混合的运动，与表 6.1 给出的运动方式基本一致，中间控制节点的布设与 6.3.1 小节中方案四一致。

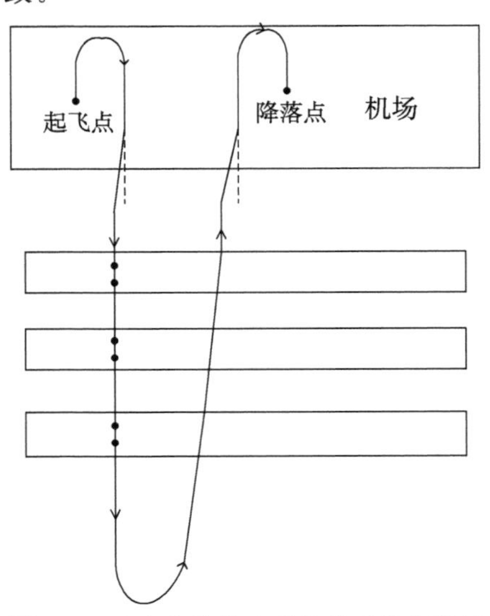

图 6.5 动态定位检定载体仿真飞行轨迹

表6.7 动态定位检定载体仿真运动状态

时间长度/s	运动状态	时间长度/s	运动状态
297	静止	168	直行阶段
53	起飞阶段	38	降落阶段
125	直行阶段	304	静止
12	空中转弯		

仿真试验中，捷联惯导系统误差参数设置为：三个方向的陀螺仪漂移分别为0.2°/h、0.2°/h、0.4°/h，三个方向加速度计误差为0.1 mg、0.2 mg、0.5 mg，三个方向初始姿态误差为0.1°、−0.2°、1°。捷联惯导的随机误差参数为：陀螺仪随机漂移0.01°/h，加速度计随机零偏0.05 mg。摄影测量交会定位的随机误差大小为0.5 m，检定场重力测量值精度为50 mGal(1 Gal＝1000 mGal)。

按照上述仿真轨迹和条件进行了全程运动仿真，图6.6～图6.8给出动态定位检定各个时刻的位置误差，图6.9～图6.11给出动态定位检定各个时刻的速度误差，表6.8和表6.9分别为多节点摄影/惯导组合测量方法的位置误差和速度误差统计结果，位置误差和速度误差是解算值与仿真时设定的真值的差值，表中统计量为误差的绝对值。

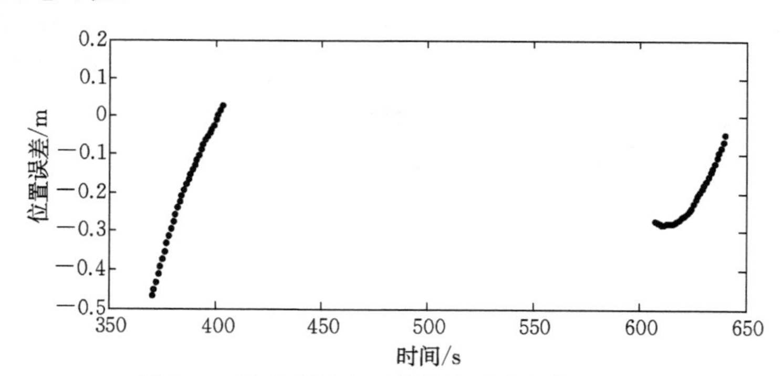

图6.6 摄影/惯导组合测量方法东向位置误差

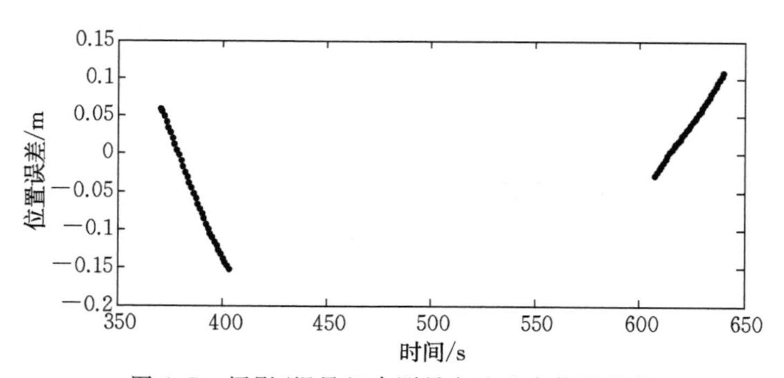

图6.7 摄影/惯导组合测量方法北向位置误差

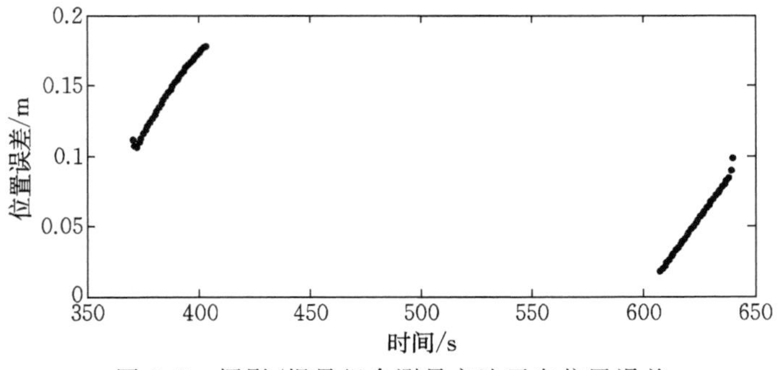

图 6.8　摄影/惯导组合测量方法天向位置误差

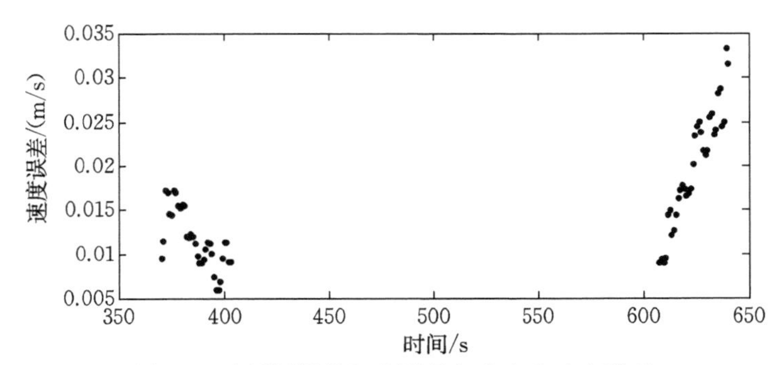

图 6.9　摄影/惯导组合测量方法东向速度误差

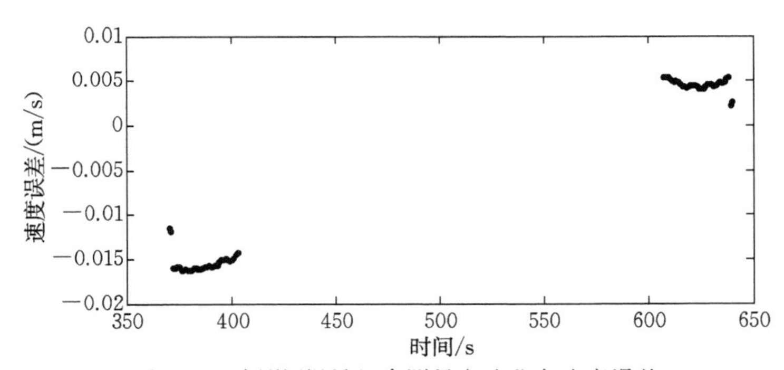

图 6.10　摄影/惯导组合测量方法北向速度误差

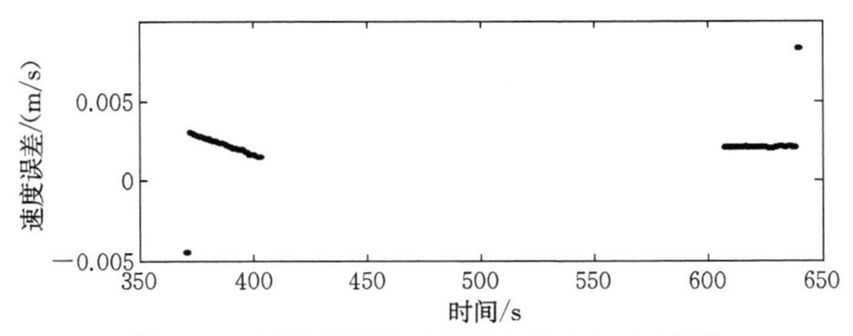

图 6.11　摄影/惯导组合测量方法天向速度误差

表 6.8 摄影/惯导组合测量方法位置误差统计 单位：m

统计量	第 1 检测段(370～403 s)位置误差			第 2 检测段(607～640 s)位置误差		
	东向	北向	天向	东向	北向	天向
平均值	0.194	0.070	0.145	0.210	0.045	0.054
标准不确定度	0.144	0.046	0.023	0.074	0.033	0.022

表 6.9 摄影/惯导组合测量方法速度误差统计 单位：cm/s

统计量	第 1 检测段(370～403 s)速度误差			第 2 检测段(607～640 s)速度误差		
	东向	北向	天向	东向	北向	天向
平均值	1.17	1.54	0.24	2.00	0.46	0.25
标准不确定度	0.32	0.11	0.07	0.65	0.07	0.15

3. 试验结论

(1)按照本小节方案设计，在具有 0.5 m 随机定位误差和增加起飞降落静态测量的条件下，多节点摄影/惯导组合测量方法求解的三个方向位置测量不确定度优于 0.2 m，三个方向速度测量不确定度优于 1 cm/s。

(2)本小节方案与 6.3.1 小节中的方案相比，位置和速度不确定度均有明显提高。

该方案需要动态检定载体起飞后尽快返回机场，如果时间过长，起始点和降落点对动态检定段的控制作用就会降低，因此该方案受到实际飞行条件的限制。

6.4 多节点摄影/惯导组合测量方法定位性能影响因素

本节通过计算机仿真试验可以从理论上分析本书设计的多节点摄影/惯导组合测量方式所能实现的动态定位性能以及主要的影响因素，评估将其作为 GNSS 动态定位检定技术的可行性。本节主要利用仿真的试验环境分别研究摄影测量定位精度、载体运动速度、惯性器件精度对摄影/惯导组合测量性能的影响。书中设计方法能够同时完成对卫星导航系统的测速，因此也对测速情况进行了统计。

6.4.1 计算机仿真试验环境设计

根据 6.3 节的节点分布方案研究结果及标志场区域实际情况进行计算机仿真试验环境设计，地面标志场概图及节点间距离如总体设计中图 3.8 所示，飞机在标志场内飞行速度设定为 550～750 km/h。如图 6.12 所示为仿真的飞机飞行轨迹，进入标志区 A 到离开标志区 D 的区间为动态定位检定区段(线条加粗部分，时长 57 s)，该部分包含加速、减速、转弯等运动状态，每次仿真试验中设置一定的随机运动参数，载体运动过程基本一致，各时刻的基本运动状态如表6.10所示。

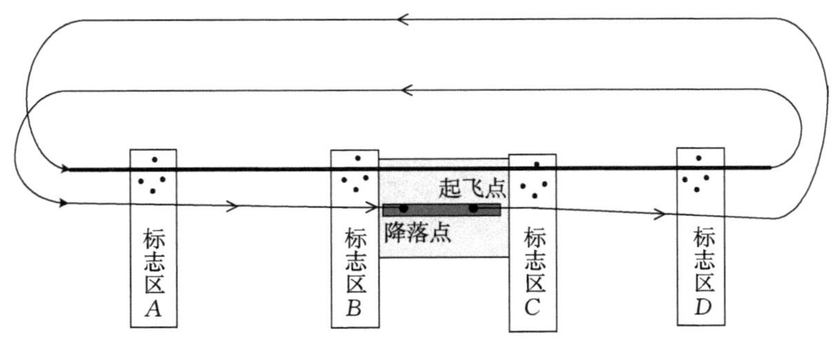

图6.12　动态定位检定载体仿真飞行轨迹

表6.10　计算机仿真飞行阶段

时间长度/s	运动状态
102	静止
42	起飞阶段
23	直行阶段
33	第一空中左转弯
90	直行阶段
31	第二空中左转弯
92	直行阶段(检定区间)
32	第三空中左转弯
91	直行阶段
30	第四空中左转弯
90	直行阶段
295	降落阶段
102	静止

将飞机运动轨迹仿真数据作为真值用来评判多节点摄影/惯导组合测量方法所能实现的性能。依据飞机运动轨迹数据精确生成捷联惯性导航系统的仿真观测值，依据中高精度典型捷联惯导误差参数量级，按照捷联惯性导航误差模型为惯性导航系统仿真观测值添加相应的惯性测量误差。给图6.12中A、B、C、D四个节点上的飞机位置添加随机定位误差，作为摄影测量交会方法传递给捷联惯导系统的定位数据，以此为基础研究多节点摄影/惯导组合测量性能的影响因素。

6.4.2　摄影测量交会定位性能对多节点摄影/惯导组合测量性能的影响

设计捷联惯导系统三个方向陀螺仪漂移分别为0.1°/h、0.1°/h、0.1°/h左右(包含随机误差)，三个方向加速度计误差为0.1 mg、0.1 mg、0.1 mg左右，三个方向初始姿态误差为0.2°、−0.2°、0.4°左右。捷联惯导随机误差参数设置为：陀螺仪随机漂移0.01°/h，加速度计随机零偏0.05 mg，在仿真的重力真值基础上添加小于50 mGal的随机重力误差。

为分析摄影测量交会定位性能对多节点摄影/惯导组合测量性能的影响，分别在摄影测量交会定位精度（三方向）为0.2 m、0.5 m、1.0 m的条件下各进行了30次仿真试验。按照式(3.2)、式(3.3)分别统计30次多节点摄影/惯导组合测量方法所能实现的定位性能的标准不确定度，并统计三方向的测速误差，摄影测量交会定位精度0.5 m时的情况，如表6.11所示。根据30次计算机仿真试验的标准不确定度结果，将不确定度均值作为摄影测量交会定位精度0.5 m时多节点摄影/惯导组合测量所能实现的性能。

表6.11 摄影测量交会定位精度为0.5 m时多节点摄影/惯导组合测量性能统计

序号	定位误差/m			速度误差(cm/s)		
	东向	北向	天向	东向	北向	天向
1	0.42	0.29	0.48	3.2	7.6	4.7
2	0.13	0.39	0.44	3.2	10.5	4.3
3	0.11	0.26	0.38	1.7	5.6	4.9
4	0.35	0.25	0.28	2.9	1.3	4.1
5	0.47	0.23	0.22	1.9	2.4	3.7
6	0.28	0.49	0.24	3.2	6.6	1.3
7	0.46	0.51	0.29	3.5	10.0	2.5
8	0.12	0.40	0.63	0.8	2.2	6.0
⋮	⋮	⋮	⋮	⋮	⋮	⋮
29	0.11	0.47	0.25	2.6	8.1	3.3
30	0.15	0.26	0.24	4.6	10.0	4.1
不确定度均值	0.26	0.36	0.35	2.8	6.4	3.9

按照上述方法分别进行摄影测量交会定位精度0.2 m和1.0 m时的计算机仿真试验，各次试验结果不再单独列出，将汇总统计的不同摄影测量交会定位精度下各次试验的标准不确定度均值统计如表6.12所示，统计多节点摄影/惯导组合测量方法所能实现的水平/垂直方向定位性能如表6.13所示。

表6.12 摄影测量交会定位性能对多节点摄影/惯导组合测量性能的影响

摄影测量定位精度/m	定位误差/m			速度误差/(cm/s)		
	东向	北向	天向	东向	北向	天向
0.2	0.13	0.18	0.12	2.5	3.5	2.7
0.5	0.26	0.36	0.35	2.8	6.4	3.9
1.0	0.64	0.80	0.57	3.7	7.4	4.9

表 6.13　多节点摄影/惯导组合测量方法水平、垂直方向定位标准不确定度统计

单位:m

摄影测量定位精度	$u'_{水平}$	$u'_{垂直}$
0.2	0.22	0.07
0.5	0.44	0.22
1.0	1.0	0.34

由表 6.12、表 6.13 中的计算机仿真试验结果可得如下结论:

(1)在摄影测量交会定位性能(三方向)为 0.5 m 水平下,多节点摄影/惯导组合测量方案能够满足式(3.10)中提出水平定位不确定度优于 0.68 m、垂直方向定位不确定度优于 1 m 的动态定位检定系统需求技术指标。考虑到实际测量过程其他误差因素的影响,因此摄影测量交会定位性能应设定为优于 0.4 m,位置传递误差优于 0.05 m,时间同步误差优于 0.05 m。

(2)在捷联惯导性能一定的前提下,摄影测量交会定位精度对动态定位性能检定系统性能影响显著,直接决定着多节点摄影/惯导组合测量方法性能,组合测量性能统计结果优于摄影节点的定位精度,实现了定位性能的最优估计。

(3)多节点摄影/惯导组合测量方案能够实现较高的测速性能,在捷联惯导性能一定的前提下,测速性能与摄影测量定位性能呈正向关系,摄影测量定位性能对测速的影响不如对定位性能的影响显著。

6.4.3　载体飞行速度对多节点摄影/惯导组合测量性能的影响

根据 6.4.2 小节对摄影测量交会定位性能的影响分析,设定摄影测量交会定位性能为 0.5 m(三方向,1 倍标准差),设定捷联惯导性能与 6.4.2 小节中参数一致,更改计算机仿真试验环境中的飞行速度,设计飞机在检定区段内的运动速度分别约为 150 m/s(约 540 km/h)、200 m/s(约 720 km/h)、300 m/s(约 1 080 km/h),分别在三种不同载体飞行速度情况下进行了 30 次仿真试验,按照式(3.2)和式(3.3)分别统计 30 次多节点摄影/惯导组合测量方法定位性能的标准不确定度,并统计三方向的测速误差,结果如表 6.14 所示,统计多节点摄影/惯导组合测量方法所能实现的水平/垂直方向定位性能如表 6.15 所示。

表 6.14　载体飞行速度对多节点摄影/惯导组合测量方法性能的影响

载体飞行速度/(m/s)	定位误差/m			速度误差/(cm/s)		
	东向	北向	天向	东向	北向	天向
150	0.30	0.33	0.30	2.0	5.3	3.6
200	0.26	0.36	0.35	2.8	6.4	3.9
300	0.29	0.38	0.34	4.1	4.4	2.9

表 6.15　多节点摄影/惯导组合测量方法水平、垂直方向定位标准不确定度统计

载体飞行速度/(m/s)	$u'_{水平}$/m	$u'_{垂直}$/m
150	0.45	0.30
200	0.44	0.35
300	0.48	0.34

由表 6.14 和表 6.15 中的计算机仿真试验结果可得如下结论：

(1)在摄影测量交会定位性能为 0.5 m 条件下，采用中高精度惯导参数，在较短的动态检定时间段内，飞机不同运动速度对于多节点摄影/惯导组合测量性能影响不显著，均能满足式(3.10)中提出水平定位不确定度优于 0.68 m、垂直方向定位不确定度优于 1 m 的动态定位检定系统需求技术指标。

(2)飞机不同运动速度条件下，多节点摄影/惯导组合测量方案均能实现较高精度的测速性能，在较短的动态检定时间段内测速性能与载体运动速度无显著关系。

(3)本次试验拓展了动态定位检定系统性能的速度应用范围，由于在摄影测量交会定位性能确定的条件下，组合测量性能受载体速度影响不显著，以多节点摄影/惯导组合测量技术建立的动态定位检定系统可以对更高速度下的 GNSS 动态定位性能进行检定，只受载体选择的限制。动态定位检定系统性能的评价适用于更大的动态范围。

6.4.4　不同精度惯性器件对多节点摄影/惯导组合测量性能的影响

捷联惯导的精度和成本主要是由陀螺仪精度决定的，因此需分析采用不同精度的捷联惯性导航系统对多节点摄影/惯导组合测量性能的影响。表 6.16 设计采用不同精度的惯导参数进行了四组仿真试验，加速度计零偏均为 0.05 mg，器件参数设置参照了目前典型的激光陀螺指标参数。设定四组试验中摄影测量在三个方向上定位性能均为 0.5 m(1 倍标准差)，每组试验进行 30 次仿真，分别统计 30 次摄影/惯导组合测量方法的标准不确定度，得到的统计结果如表 6.17 所示，统计多节点，摄影/惯导组合测量方法所能实现的水平/垂直方向定位性能如表 6.18 所示。

表 6.16　四组仿真试验中捷联惯导参数设置情况

仿真试验	陀螺仪指标			初始姿态误差		
	漂移 /(°/h)	标度因数误差 /(1×10^{-6})	随机漂移 /(°/$\sqrt{h}$)	横滚角 /(°)	俯仰角 /(°)	航向角 /(°)
试验 1	0.02	30	0.005	0.06	0.06	0.08
试验 2	0.05	40	0.01	0.1	0.1	0.15
试验 3	0.1	60	0.02	0.2	0.2	0.4
试验 4	0.2	80	0.02	0.2	0.2	0.8

表6.17　不同精度惯性器件对多节点摄影/惯导组合测量性能的影响

仿真试验	定位误差/m			速度误差(m/s)		
	东向	北向	天向	东向	北向	天向
试验1	0.24	0.35	0.25	1.2	1.7	1.3
试验2	0.26	0.32	0.31	1.6	2.4	1.5
试验3	0.29	0.36	0.31	1.9	3.9	2.2
试验4	0.35	0.39	0.35	2.2	5.3	3.0

表6.18　多节点摄影/惯导组合测量方法水平、垂直方向定位标准不确定度统计

仿真试验	$u'_{水平}$/m	$u'_{垂直}$/m
试验1	0.42	0.25
试验2	0.41	0.31
试验3	0.46	0.31
试验4	0.52	0.35

由表6.17和表6.18中的计算机仿真试验结果可得如下结论：

(1)在摄影测量交会定位精度为0.5 m条件下，采用四组捷联惯导参数均能满足式(3.10)中提出的水平定位不确定度优于0.68 m、垂直方向定位不确定度优于1 m的动态定位检定系统需求技术指标。

(2)多节点摄影/惯导组合测量方法定位性能与捷联惯导性能相关，采用更高精度的惯导系统能够实现更优的组合测量定位结果，组合测量性能优于摄影节点的定位精度，实现了定位性能的最优估计。

(3)多节点摄影/惯导组合测量方案能够实现较高的测速性能，在摄影测量交会性能确定条件下，测速误差受惯导仪器性能影响显著。

6.4.5　试验结论

(1) 通过计算机仿真试验，验证了多节点摄影/惯导组合误差模型及节点方案设计的正确性，通过利用多个节点的摄影测量交会定位信息，利用最小二乘法事后统一解算捷联惯导误差参数，利用修正后的捷联惯导数据可以有效提高动态定位检定区间内的位置解算精度，实现了高精度定位与高数据更新率的统一。组合测量性能优于摄影节点的定位精度，实现了定位性能的最优估计。

(2)节点上的摄影测量交会定位精度对多节点摄影/惯导组合定位性能影响显著，决定着摄影定位/惯导组合测量定位精度，本书方法设定摄影测量交会定位性能优于0.4 m，实现传递给惯导的节点精度需优于0.5 m。

(3)摄影测量交会定位性能一定时，在较短的动态检定时间段内，载体运动速度对多节点摄影/惯导组合测量性能影响不显著。试验表明，只要能保证摄影测量交会定位性能，基于多节点摄影/惯导组合测量技术建立的GNSS动态定位检定系统性能受载体运动速度影响较小，提高了动态定位检定系统的动态适应性。

(4)计算机仿真试验表明,按照动态定位检定方案总体设计中的外部环境,在摄影交会定位精度为0.5 m条件下,选用陀螺漂移精度优于0.1°/h级别的捷联惯性导航系统能够满足对北斗动态定位性能检定的需求。条件允许时,优先选用更高精度的捷联惯导系统。

(5)本书中提出的多节点摄影/惯导组合测量方法能同时完成较高的测速功能,测速性能受捷联惯导系统性能影响显著。

6.5 多节点摄影/惯导组合测量方法半物理仿真试验

通过多节点摄影/惯导组合测量计算机仿真试验,对摄影测量交会定位精度及捷联惯导性能选择提出了要求,本书中利用某型激光捷联惯性导航系统进行动态定位检定系统的设计。半物理仿真试验的主要目的是验证基于某型捷联惯导的多节点摄影/惯导组合测量方案所能实现的性能,评估利用多节点摄影/惯导组合测量方法进行GNSS动态定位性能检定系统设计的可行性及可望达到的精度指标。

6.5.1 试验条件

基于6.4.4小节关于惯性器件参数对多节点摄影/惯导组合测量性能的影响,本书中选用了某型激光捷联惯性导航系统,如图6.13所示,其陀螺漂移精度为0.02°/h,加速度计零偏为0.05 mg,主要技术指标如表6.19所示。

图6.13 捷联惯性导航系统

表6.19 捷联惯性导航系统主要技术指标

精度指标	陀螺零偏稳定性/(°/h)	0.02
	随机游走/(°/h)	0.003
	比例因子非线性/(1×10^{-6})	3
	加速度计零偏稳定性/mg	0.06
其他性能指标	数据更新率/Hz	200
	数据输出接口	RS422
	质量/kg	<8
	尺寸/mm×mm×mm	240×200×145

该型捷联惯导系统按照《舰船惯性导航系统通用规范》(GJB 2230—1994)生产研制,满足机载应用环境,能实时测量载体沿其坐标系三个轴的视加速度和绕其三个轴的角速率,导航计算机电路实时采集载体在采样周期内的三轴视加速度和角速率信息。顶部标识有坐标系 $O\text{-}XYZ$,完成初始对准工作后,捷联惯导能够输出动态定位检定平台相对导航坐标系的位置、速度及姿态信息。通过 RS422B 接口接收到初始对准指令后,5 min 后即可得到姿态信息,5 min 初始对准航向误差$\leqslant 0.09°/\cos(\varphi)(1\sigma)$($\varphi$ 为当地纬度,纬度范围小于等于 60°),水平姿态误差小于 0.01°,航向、姿态保持精度$\leqslant$1.0 mil/h (1σ)。(1 mil=216 角秒)

6.5.2　半物理仿真试验

6.4 节中的计算机仿真试验证明了多节点摄影/惯导组合测量方案的可行性,推估了动态定位检定系统可能实现的定位性能。半物理仿真试验是计算机仿真试验的进一步研究,主要采用捷联惯性导航系统的实测跑车数据与摄影定位仿真数据进行组合测量,评估本书方案的可行性及可望达到的精度指标,也是研究捷联惯导计算机仿真试验方法的正确性。

利用车辆搭载捷联惯性导航系统在西安市城区内进行跑车试验,以 GPS RTK 和惯性组合导航后处理结果作为定位参考值,在位置参考值基础上添加合适的随机误差模拟摄影测量交会定位结果。多节点摄影/惯导组合测量方案、数据融合处理方法以及未知参数的选取等均与计算机仿真试验情况保持一致。跑车行使轨迹如图 6.14 所示。

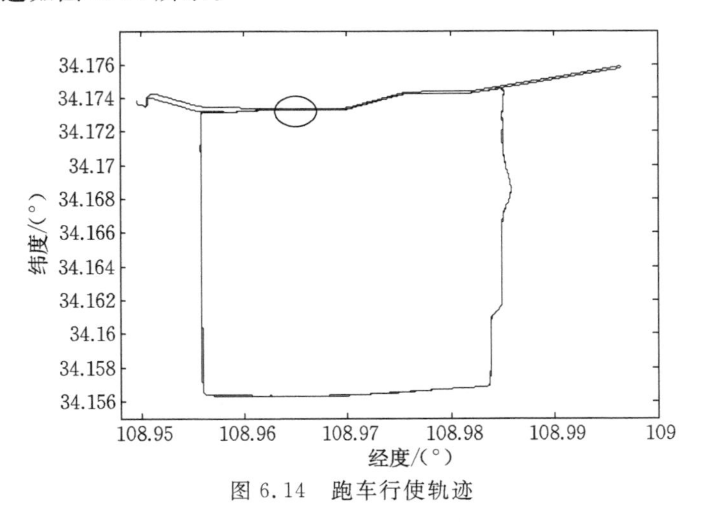

图 6.14　跑车行使轨迹

将图 6.14 中圆圈标注区域作为动态定位检定区域,共 60 s 时长,行车速度约为 50 km/h。分别在标准位置参考值上添加标准差为 0.2 m、0.5 m、1 m 的随机误差模拟摄影测量的定位结果，在这三种条件下各进行 30 次仿真试验，统计在 30 次仿真试验中多节点摄影/惯导组合测量方法所能实现的标准不确定度的均值，得到如表 6.20 和表 6.21 所示的统计结果。

表 6.20　不同摄影测量交会定位精度下多节点摄影/惯导组合测量性能的不确定度均值统计

摄影测量定位精度/m	定位误差/m			速度误差/(cm/s)		
	东向	北向	天向	东向	北向	天向
0.2	0.10	0.12	0.07	1.7	0.8	0.9
0.5	0.35	0.32	0.22	2.2	1.8	1.9
1.0	0.44	0.87	0.34	4.4	5.0	2.2

表 6.21　多节点摄影/惯导组合测量方法水平/垂直方向定位标准不确定度均值统计

单位：m

摄影测量定位精度	$u'_{水平}$	$u'_{垂直}$
0.2	0.16	0.07
0.5	0.47	0.22
1.0	0.97	0.34

6.5.3　试验结论

(1)本节主要根据利用实测车载捷联惯导数据进行多节点摄影/惯导组合测量方法半物理仿真试验，在摄影测量定位精度为 0.5 m 条件下，利用陀螺漂移精度为 0.02°/h 级别的捷联惯性导航系统，多节点摄影/惯导组合测量方法能够实现水平方向定位不确定度为 0.47 m、垂直方向定位不确定度为 0.22 m，能够满足式(3.10)中提出水平定位不确定度优于 0.68 m、垂直方向定位不确定度优于 1 m 的动态定位检定系统需求技术指标。

(2)半物理仿真试验中的定位、测速结果与计算机仿真试验结论一致性较高，充分说明了计算机仿真试验设计的有效性。通过计算机仿真试验和半物理仿真试验可以验证多节点摄影/惯导组合测量方法误差模型及组合测量方法的正确性。

(3)下一步可以开展实际的多节点摄影/惯导组合测量车载定位试验，以验证动态定位检定数据处理流程的正确性。

6.6　多节点摄影/惯导组合测量方法车载试验

为验证机载动态定位性能检定试验流程的有效性，验证多系统位置归心方案及组合测量算法的有效性，本节设计了在缩小比例测试场内多节点摄影/惯导组合测量车载定位试验。

6.6.1　车载试验环境设计

测试地点选在信息工程大学建立的缩小比例测试场，试验环境的建设已模拟机载动态定位检定试验条件，测试场前有足够长的直线行车距离，通视性好，缩小比例测试场的设计原则及测量结果见5.4节所述。

如图6.15所示为车载试验环境，用到的设备有选型激光捷联惯性导航系统、哈苏H4D-60相机、北斗授时型接收机、徕卡TC1201全站仪等。车载试验平台为厚约6 mm的铝板，铝板下方利用多根不锈钢管作为支撑，车载平台较为稳固，变形较小，各仪器均通过螺钉固定于平台上。

图6.15　车载试验环境

信息工程大学在GPS接收机综合检定场中曾利用跟踪全站仪定位方法验证了低动态条件下的GPS RTK测量精度，当时车速约为10 km/h，两种测量方法在低速运动条件下的比对精度为厘米级，因此本工作流程验证试验暂以南方测绘灵锐S86 RTK测量型接收机定位结果作为基准。

6.6.2　静态位置归心方案验证

静态归心测量在车辆静态状态下完成，车载平台设计情况如图6.16所示。将捷联惯导、卫星接收机天线、摄影测量相机安装在车载平台上，捷联惯导几何中心与物理中心的差值经过精确标定，哈苏相机投影中心位置根据4.4节测定结果，接收机位置以天线相位中心为准，通过量测捷联惯导物理中心、相机投影中心与天线相位中心之间的位置得到各仪器在载体系里的相对位置关系。利用惯导系统静态自对准技术可以得到高精度的惯性系统载体系相对于地理系的姿态角。利用相机静态拍摄预设标志场，利用摄影测量交会软件可解算得到摄站的位置和姿态，从而得到相机相对于地理坐标系的姿态。利用惯性导航系统的实时姿态数据将各测量仪器的载体系坐标转换至地理坐标系坐标。各仪器的位置归心、捷联惯性导航系统航向归算均按照3.5.1小节位置归心技术方案实施。

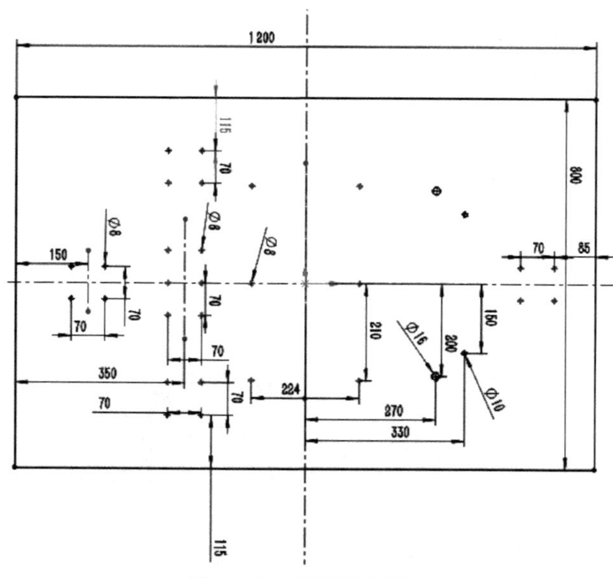

图 6.16 车载平台设计

各中心点精确位置根据全站仪定位方法(归算)获得,在各仪器上粘贴全站仪反射片,将全站仪架设于已知点上,测量各仪器以及平台上的定位标志点作为精确值,与利用 3.5.1 小节中位置归心方案归心后的结果比较,得到静态位置归心的外符合精度。试验中选取 8 个定位点作为位置归心测量精度的检核点,结果如表 6.22 所示。

表 6.22 归心测量误差统计 单位:m

测试点名	归心测量解算值			全站仪观测结果			归心测量误差		
	东向	北向	天向	东向	北向	天向	东向	北向	天向
接收机点 1	8.815	−0.305	1.766	8.803	−0.307	1.762	0.012	0.002	0.004
接收机点 2	8.712	−0.307	1.764	8.694	−0.304	1.761	0.018	−0.003	0.003
相机点 1	8.789	−0.898	1.658	8.780	−0.895	1.652	0.009	−0.003	0.006
相机点 2	8.889	−0.895	1.660	8.876	−0.899	1.662	0.013	0.004	−0.002
惯导系统点 1	8.414	−0.791	1.683	8.406	−0.787	1.678	0.008	−0.004	0.005
惯导系统点 2	8.610	−0.787	1.686	8.601	−0.785	1.683	0.009	−0.002	0.003
平台点 1	8.934	−0.195	1.563	8.919	−0.190	1.565	0.015	−0.005	−0.002
平台点 2	8.034	−0.215	1.548	8.018	−0.212	1.549	0.016	−0.003	−0.001

根据表 6.22 静态归心测量结果,利用位置归心方案得到的归心误差优于 2 cm,验证了位置归心方案的有效性。此外,位置归心的精度与各仪器之间的相对距离密切相关,相对距离越大,归心精度越差。

6.6.3 捷联惯性导航系统航向归算性能验证

利用带自准直系统的全站仪测量引北光学棱镜的基准方向与地理北方向的夹角(引北光学棱镜的基准方向与惯性系统航向具有固定归算关系),可以给出载体航向的外部参考基准,该方法测量得到的惯性导航系统航向精度与全站仪测向精度相当,如图 6.17 所示。将光学引北棱镜测量值与捷联惯导自对准的航向值进行相互比较,可以得到惯性系统自对准航向值的外符合精度,如表 6.23 所示。

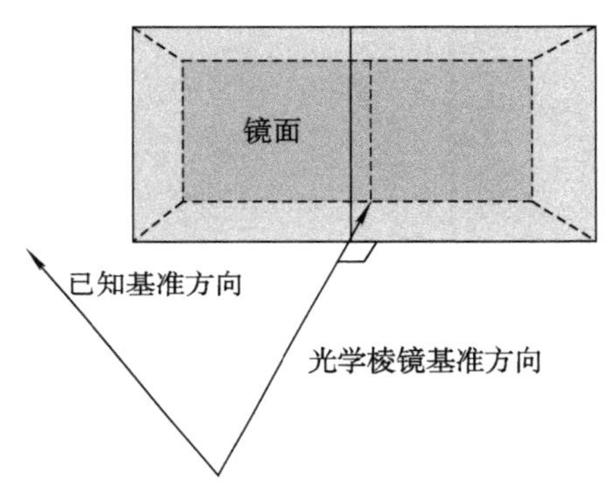

图 6.17　引北光学棱镜基本结构

表 6.23　捷联惯导自对准航向误差情况　单位:(°)

序号	引北棱镜光学测量值	惯导自对准航向值	差值
1	91.298 647	91.285 828	−0.012 820
2	91.298 056	91.277 954	−0.020 102
3	91.297 111	91.277 649	−0.019 462
4	91.296 189	91.273 956	−0.022 233
5	91.296 902	91.268 890	−0.028 012
6	91.297 880	91.271 881	−0.025 999
7	91.298 540	91.275 269	−0.023 271
8	91.296 349	91.275 391	−0.020 959
9	91.287 069	91.275 482	−0.011 587
10	91.298 047	91.275 421	−0.022 625
11	91.298 473	91.269 247	−0.029 226
12	91.296 060	91.266 388	−0.029 672
均值	91.296 610	91.274 446	−0.022 164

根据表 6.23 航向误差统计结果,采用光学引北棱镜测量值对惯性系统自对准的航向值进行检核,惯性系统自对准航向误差均值约为 0.02°,验证了惯性系统姿态归算方法的有效性。

6.6.4　多节点摄影/惯导组合测量方法车载试验

测试车辆采用往复运动的方式(前进—后退),模拟动态定位检定试验环境,时间记录以 UTC 为准。惯性导航系统和 RTK 接收机均记录各自的实时测量数据。由于时间同步装备正在研制过程中,暂以在每个测试区停车 2 s 左右,利用快门线触发方式进行拍摄,拍摄距离约为 35 m,拍摄的 4 张图片如图 6.18 所示。

图 6.18　车载试验摄影测量照片

以 GPS RTK 定位结果作为参考值来评定摄影测量定位精度,得到的结果如表 6.24 所示。

表 6.24　摄影测量定位误差统计　　单位:m

序号	摄影测量定位结果			卫星定位参考值(经归心改正后)			摄影测量定位误差(经归心改正后)		
	东向	北向	天向	东向	北向	天向	东向	北向	天向
1	−70.291 0	−3.923 8	1.808 0	−70.307 0	−3.925 4	1.815 7	0.016 0	0.001 6	−0.007 7
2	−3.660 7	−3.713 9	1.785 9	−3.694 0	−3.739 3	1.789 8	0.033 3	0.025 4	−0.003 9
3	4.283 0	−3.586 2	1.775 4	4.280 0	−3.589 8	1.769 2	0.003 0	0.003 6	0.006 2
4	−59.510 0	−3.923 7	1.781 6	−59.489 0	−3.912 4	1.805 7	−0.021 0	−0.011 3	−0.024 1

根据表 6.24 摄影定位误差统计结果,在距离 35 m 处摄影测量交会方法可以得到优于 4 cm 的定位结果(三维)。按照多节点摄影/惯导组合测量方法,得到

82 组定位测速解算结果，将得到的摄影/惯性组合测量方法定位、测速标准不确定度情况如表 6.25 所示。

表 6.25 组合测量方法车载试验性能的不确定度均值统计

定位误差/m			速度误差/(cm/s)		
东向	北向	天向	东向	北向	天向
0.033	0.017	0.012	1.32	0.64	0.57

表 6.26 车载试验水平/垂直方向定位标准不确定度均值统计

单位：m

试验类型	$u'_{水平}$	$u'_{垂直}$
组合测量方法定位性能	0.037	0.012

6.6.5 试验结论

通过多节点摄影/惯导组合测量车载试验，验证了位置归心方案的正确性和捷联惯导航向归算的精度，在 35 m 处利用摄影测量空间后方交会方法能够得到优于 4 cm 的精度，组合测量方法能够实现的水平方向定位不确定度为 3.7 cm，垂直方向定位不确定度为 1.2 cm。通过多节点摄影/惯导组合测量车载试验，验证了静态位置归心方案设计的正确性和捷联惯导系统航向归算性能。车载试验同时证明当摄影距离减小时，摄影测量交会定位精度提高，此时还可以提高多节点摄影/惯导组合定位的精度，即提高了动态定位检定系统的应用拓展性。

第7章　GNSS动态定位检定系统性能验证方案设计

“没有测量就没有科学”，计量是实现单位统一、量值准确可靠的活动，计量学是关于测量的科学。《通用计量术语及定义》(JJF 1001—2011)对溯源性的定义：通过一条具有规定不确定度的不间断的比较链，使测量结果或测量标准的值能够与规定的参考标准，通常是与国家测量标准或国际测量标准联系起来的特性。根据此定义，GNSS动态定位性能验证时需要利用有规定不确定度的不间断的比较链，将GNSS动态定位检定系统测量的结果与规定的参考标准(可以是国家测量标准或国际测量标准)建立联系。

本章首先介绍了计量学中关于检定和溯源的相关概念，初步设计了静态、低动态、高动态条件下GNSS动态定位检定系统的性能验证方案。由于国际上尚未建立动态定位溯源标准与规程，本书中以将GNSS动态定位检定系统与经检定的大地测量设备测量结果建立联系作为性能验证手段。最后根据动态定位检定系统的定位特性，简要分析了动态定位检定系统定位性能的拓展性。

本书方法完善了动态定位检定系统定位性能的验证方案，为下一步开展实际的高动态定位性能检定试验奠定了基础，也为将来把卫星接收机动态定位性能检定纳入国家强制检定目录做好了技术储备。

7.1　计量学基础

《国家计量检定规程编写规则》(JJF 1002—2010)、《测量不确定度评定与表示》(JJF 10591—2012)以及《通用术语及定义》(JJF 1001—2011)这三个标准是进行GNSS动态定位检定、溯源流程设计的依据，本书中的名词、术语、评价方式等主要依据这三个标准。国家鼓励在满足溯源性要求的情况下，采用多种方式进行量值溯源。目前我国主要有校准(检定)、发播标准信号、标准(参考)物质、比对几种溯源方式，具体能用于GNSS卫星导航系统动态定位性能的溯源方式有校准和比对两种方式。

我国传统称“校准”方式为“检定”方式，目前正逐步改称作校准方式。主要指在规定的条件下，为了能够确定测量仪器或测量系统指示的量值，使之与对应的由标准复现的量值建立起关系的操作(陆志方，2007)。而比对指的是在规定的条件下，利用同类基准、标准间的量值关系进行比较，因此按照比对方式可以采用另外一种动态定位性能相近且完成不确定度溯源的技术与卫星导航系统进行比对，由于常采用的 GNSS RTK、PPP 等测试评估方法未完成严格的不确定度溯源，因此其对卫星导航系统动态导航定位精度的检验只能叫作比较。

从检定和比对的定义来看，检定的形式要高于比对。《计量标准考核规范》(JJF 1033—2016)要求计量标准的量值需要定期溯源到国家计量基准或者社会公用的计量标准，如果不能用检定方式进行溯源时，则可以通过比对的方式。因此 GNSS 卫星导航系统动态定位性能的溯源方式是采用检定方式还是比对方式，要根据实际条件，在能够采用检定方式条件下优先采用检定方式。

溯源等级图能够构建计量基准与各测量应用领域里各种测量结果可信度间的桥梁，用来表达计量器具的计量特性与给定量基准两者之间的关系，指出并引导所有测量的溯源途径和方向(陆志方，2007)。

7.2　GNSS 动态定位性能检定系统性能验证方案设计

高动态条件下载体位置随时间不断变化，不具备测量意义上的可重复性，而且动态定位检定系统的高精度和高数据刷新率使得溯源的难度更大。高动态条件下的高定位精度技术的溯源工作是国际上的研究难点，国际上目前还没有针对高动态定位溯源技术的规范或标准，本书中主要以常规的大地测量技术作为动态定位检定系统性能验证手段，暂时作为性能验证的一种替代方式。

按照测量不确定度指标评价方法，以北斗卫星导航系统全球系统定位性能为参考，动态定位检定系统的水平定位不确定度应优于 0.68 m，垂直定位不确定度应优于 1 m，则对其性能进行验证的系统本身应具备更优异的性能。按照《通用计量术语及定义》(JJF 1001—2011)对校准测量能力的要求，可以用包含因子 $K=2$ 的扩展不确定度表示，条件允许时可设置包含因子的数值为 3。当包含因子为 2 时，根据式(7.1)可计算得到对动态定位检定系统进行性能验证的技术应具备的性能。当包含因子 $K=3$ 时，根据式(7.2)可计算得到对动态定位检定系统进行性能验证的技术应具备的性能。

$$\left.\begin{aligned} u''(H) &\leqslant 0.34\ \mathrm{m} \\ u''(V) &\leqslant 0.50\ \mathrm{m} \end{aligned} \quad (K=2)\right\} \tag{7.1}$$

$$\left.\begin{aligned} u''(H) &\leqslant 0.23\ \mathrm{m} \\ u''(V) &\leqslant 0.33\ \mathrm{m} \end{aligned} \quad (K=3)\right\} \tag{7.2}$$

式中，$u''(H)$ 为性能验证技术水平方向标准定位不确定度，$u''(V)$ 为性能验证技术垂直方向标准定位不确定度。

书中搭建一条定位数据的传输链，使动态定位检定系统的定位结果与公认的定位仪器(方法)联系起来，设计了静态、低动态、高动态三种情况下动态定位性能检定系统定位性能不确定度验证方案，如图 7.1 所示，具体实现方法将分别介绍。

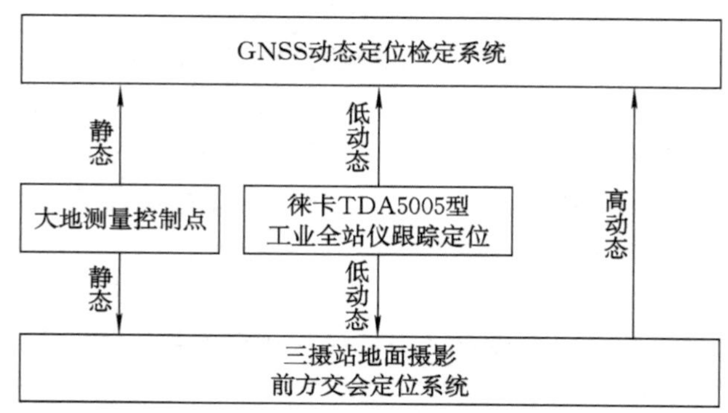

图 7.1　GNSS 动态定位检定系统定位性能验证方案

7.2.1　静态条件下动态定位检定系统性能验证方案

大地测量方法(卫星大地测量或全站仪交会定位)是公认的成熟技术,点位坐标测量精度可达毫米级,完全满足式(7.2)中的定位技术指标,因此可以利用已知大地测量点作为动态定位检定系统的性能验证手段,如图 7.2 所示。具体实施时,可将 GNSS 动态定位检定系统置于缩小比例测试场内,利用哈苏相机按照一定时间间隔拍摄多张,捷联惯导系统正常工作,此时动态定位检定系统的速度为零,可以进行多次测量综合评定动态定位检定系统性能,以推估实际条件下动态定位检定系统所能达到的性能。

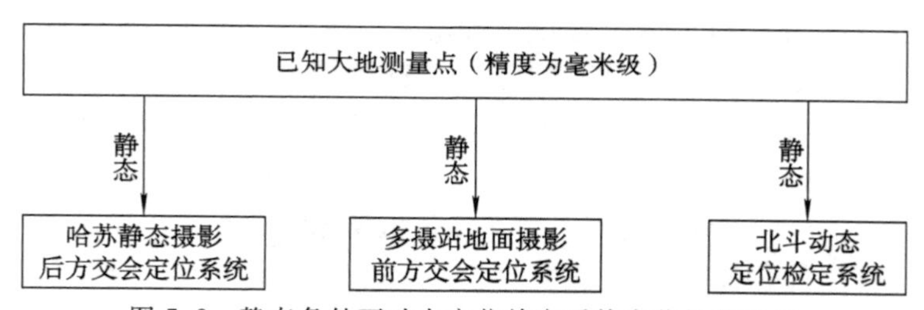

图 7.2　静态条件下动态定位检定系统定位性能验证

静态条件下,还可利用大地测量方法验证高分辨率相机静态摄影测量交会定位性能及多摄站地面摄影前方交会方法定位性能,哈苏相机静态摄影交会定位性能检定部分已在 5.5 节中详细介绍,多次同一条件下的静态摄影测量还能验证图像量测软件的稳定性。

7.2.2　低动态条件下动态定位检定系统性能验证方案

全站仪测量技术是目前公认比较成熟的测量技术,在静态条件下,全站仪可以精确测定带有反射棱镜的目标距离、高度角和方位角,定位原理可采用交会法和极坐标法(范百兴,2004)。全站仪动态测量技术需要具备马达驱动、目标识别和锁定跟踪等功能的全站仪。有学者利用 TDA5005 高精度全站仪检测大型光测设备跟踪性能（李岩 等，2006；潘华志，2007；孙宁 等，2007）。信息工程大学利用全站仪对海上卫星定位设备的动态定位精度进行测试（宋超，2012）。目前该方法仅适用于低动态领域应用。

在载体处于低动态运动条件下，可以利用具备跟踪性能的全站仪测量方法作为动态定位检定系统的性能验证手段。例如图 7.3 所示，可选用徕卡 TDA5005 型工业全站仪，该设备运行在跟踪模式时测距精度为 5 mm＋2 mm×K（K 为测量距离，单位：km），测角精度达到 0.5″。在动态检定中，仪器本身的误差很小，对于 1 km 的观测距离，测距误差造成的点位误差为 0.7 cm，测角误差造成的点位误差为 0.24 cm。全站仪动态测量对动态定位检定系统的空间点位（架设棱镜）测量精度能够达到毫米级，完全满足式（7.2）中作为性能验证技术的定位指标。第 6.5 节车载摄影/惯导组合测量试验中，利用经过与徕卡 TDA5005 型工业全站仪跟踪定位性能比对的 GPS RTK，对车载 GNSS 动态定位性能检定系统性能进行了试验。

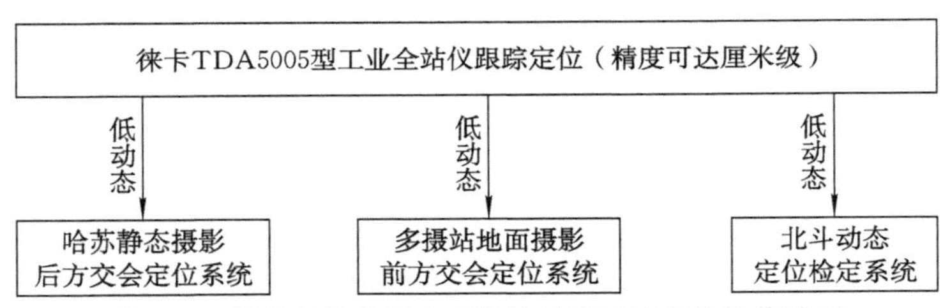

图 7.3　低动态条件下动态定位检定系统定位性能验证

低动态条件下，还可利用全站仪跟踪定位技术验证哈苏相机静态摄影测量交会定位性能及多摄站地面摄影前方交会定位性能，此时还可根据实际动态定位检定环境下的载体速度与相机曝光时间等指标。在车速一定的条件下，对应设置合适的外置闪光灯曝光时间参数（精确测量），以利用低动态摄影测量精度验证方法推估高动态条件下哈苏相机摄影测量交会定位性能及多摄站地面摄影前方交会定位性能。

7.2.3　高动态条件下动态定位检定系统性能验证方案

如图 7.4 所示，高动态条件下可以利用多摄站地面摄影前方交会定位技术来验证 GNSS 动态定位检定系统性能，多摄站地面摄影前方交会定位性能可以通过前述静态和低动态条件下的定位性能进行验证。多摄站前方交会定位方法是成熟的定位方法，在摄站位置已知条件下，利用两台或两台以上相机同步对目标摄影，通过空间前方交会原理可求解得到目标点的坐标，称为多摄站前方交会定位方法，其基本原理可参见相关文献（冯文灏，2002；张保明，2008）。恒星背景摄影是天体测量中的成熟技术，20 世纪 60 年代曾用于卫星方位测量及卫星轨道测定，本质是一种三维的方向交会(汪振治，2009；周兴，2012)。苏国中利用光电经纬仪影像对飞行器的姿态测量方法进行了详细的研究(苏国中，2005)。

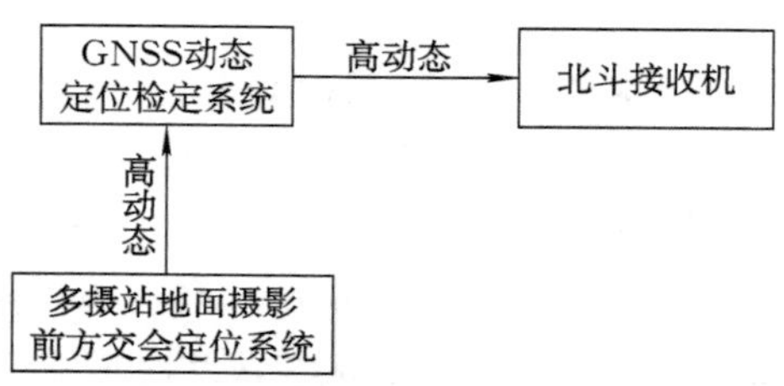

图 7.4 高动态条件下动态定位检定系统定位性能验证

发光二极管(light emitting diode，LED)可以把电能转化成光能，主要由 P 型半导体与 N 型半导体构成，P 型半导体和 N 型半导体之间有过渡层(P-N 结)，具有单向导电性，如图 7.5 所示。为发光二极管添加正向电压时，从 P 区到 N 区的空穴和从 N 区到 P 区的电子在 PN 结附近数微米内分别与 N 区的电子和 P 区的空穴复合，于是产生了自发辐射的荧光。LED 的正向伏安特性曲线很陡，与普通光源相比较 LED 作为光源具有发光效率高、单色性好、光谱窄等特点。本书主要利用的是 LED 的快速响应特性，LED 具有极短的响应时间，现在的大功率 LED 的响应时间已经做到纳秒量级。

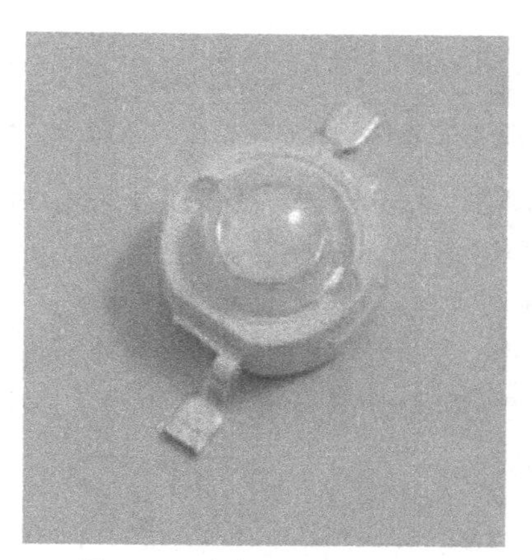

图 7.5 功率为 3 W 的 LED

本书中设计了基于尼康 D800 相机(85 mm 定焦镜头)的三摄站地面摄影前方交会系统，该方法可以不依赖恒星，对 LED 闪光进行定位，检定条件下的定位精度优于 10 cm，可以满足式(7.2)中作为性能验证的技术定位指标。高动态条件下动态定位检定系统性能验证方法：在地面标志场内三个位置布设摄影相机，摄站之间距离约为 200 m，在动态定位检定平台上外置 LED 灯，如图 7.6 所示，控制闪光灯进入摄站视场内时进行快速间断闪光，精确记录每次闪光时间，每次闪光时间 1 ms，间隔 10 ms，共闪光 10 次，理想情况下在视场内能够拍摄 10 次闪光。通过对三个摄站的照片进行处理可以解算得到每次对应确切时间的 LED 的精确坐标，经过位置归心后作为精确结果，按照式(3.3)对对应时间的动态定位检定系统输出结果进行评价，验证动态定位检定系统动态定位性能。本方法涉及如何建立基准方向及本地坐标系等工程问题，详细过程此处不详述。理论上该方法的定位性能与载体运动速度无关。

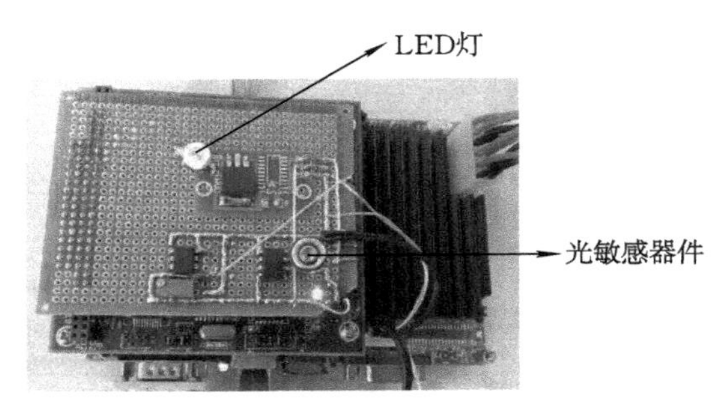

图 7.6　动态定位检定平台数据处理模块

7.3　GNSS 动态定位性能检定系统性能拓展性分析

GNSS 动态定位检定系统性能验证工作涉及不确定度工作的评价。从第 6 章的分析中可以看出，动态定位检定系统的性能受到摄影测量精度、时间同步误差等因素的影响，且动态测量环境不能复现，导致具体环境下动态定位检定系统的实际性能会发生变化，因此简要分析 GNSS 动态定位检定系统定位性能的拓展性。

7.3.1　动态测量不确定度

随着科学技术的发展，测量领域内的新原理、新技术不断出现(叶声华 等，2009)，现代测试计量技术应该不断提高测量的精确度、从简单信息获取变换为多信息融合、从静态测量转换为动态测量(谢少锋，2003)。按照《国际通用计量学基本术语》，动态测量是量的瞬时值及其随时间变化量值的确定。这个定义隐含三个含义：

(1)被测对象为变化的量。测量对象是随时间而变化的量，是时间的函数。但并不是所有被测对象都与时间之间有明确的函数关系。影响动态测量结果的因素比其为常量时更为复杂，很多情况下会使被测对象带有随机性，成为时间的随机函数。因此，静态测量数据处理方法不完全能适用处理动态测量数据，即动态测量不确定度的评定和真值的估计等，往往与对常量的静态测量时的处理方法有明显不同。

(2)测量过程是一个连续过程。动态测量过程中,测得的瞬时值是个确定的量,但相邻测量数据之间可能存在相关性,因为前后时刻的被测对象、仪器状态以及环境情况等参数之间可能存在相关性。

(3)环境、仪器性能、噪声、干扰及人员操作等影响因素可能发生变化。动态测量中,不仅被测对象是时间的函数,其他许多因素也以时间的函数形式存在,而且在很多情况下,还会以时间的随机函数的形式存在。这些影响因素都会叠加到测量结果上,以测量不确定度的形式影响测量结果的质量。

动态测量系统有时变性、随机性、相关性等特点,决定了测得数据与系统输入之间的关系具有动态特性,且这种关系还有可能是随机的,甚至是非平稳的随机关系。此时,静态测量系统的数据处理和不确定度评定方法很可能会变得不再适用。至此,国际上尚无系统的动态测量不确定度理论体系和评定流程,《测量不确定度表示指南》等专业规范皆回避了动态不确定度的情况。目前,关于动态测量不确定度的处理方法主要是“以静代动”(赵志刚,2009),国内外对动态不确定度的研究也刚刚起步。

7.3.2 动态定位检定系统性能拓展性分析

测量系统的功能是实现量值传递,量值特性是测量系统最重要的特性,本书中对动态定位检定系统性能的分析是基于一系列外界条件的设定情况下实现的。例如,机载摄影距离 200 m,通过优化摄影测量环境以实现摄影测量交会能够传递给捷联惯导优于 0.5 m 的定位性能(三方向),在摄影节点间距离良好分布条件下能够实现水平定位不确定度优于 0.68 m、垂直方向定位不确定度优于 1 m 的北斗动态定位检定系统技术指标。

随着卫星导航系统性能的不断发展,当系统性能更高时动态定位性能检定系统还能否满足对卫星导航系统定位性能检定的需求,此时需要分析动态定位检定系统所能实现的性能与外部环境的关系。动态定位检定系统定位性能主要与摄影测量交会定位精度、载体运动状态、摄影节点间距离以及布设节点数量相关。理想的方法是通过研究动态定位检定系统数学模型,考虑动态定位检定系统定位性能与外部条件的关系,分析定位不确定度主要来源,结合动态定位检定系统量值特性变化规律,尝试建立动态定位不确定度基本模型。由于多节点摄影/惯导组合测量数学模型的复杂性,动态定位检定系统的定位性能难以用解析式直接表达,只能定性分析。

通过第 6 章中的仿真试验和实测试验结果验证,在良好外部环境设置条件下,多节点摄影/惯导组合定位性能能够实现优于摄影节点的定位精度。因此可以将动态定位检定系统性能与摄影交会定位精度建立联系,这样可以将动态定位检定系统定位性能不确定度从静态分析拓展到动态分析，更体现动态定位性能检定系统所实际能够实现的性能，使对其定位不确定度的评价更为客观、准确、科学，体现动态测量系统动态特性，将实际的所能实现的动态定位不确定度与一定条件下的实现的定位不确定度区分开来。

在良好地面标志点分布和良好拍摄环境条件下，在摄影硬件性能一定的前提下，摄影测量交会定位精度主要与摄影距离相关，高度越低，所能实现的定位性能越高。因此可以将动态定位性能检定系统与拍摄距离建立联系，由于在短距离内摄影测量交会定位性能与摄影距离近似为线性关系，由此可以得到动态定位检定系统与拍摄距离之间的关系，这是一种简单的处理方法。此外仅从提高动态定位系统定位性能的角度出发，还可以采用更高性能的摄影相机、性能更优的捷联惯导系统和更多的控制节点等，这些方法需要改变原有动态定位检定系统的配置。

在性能满足的前提下，GNSS动态定位检定系统还适用于对其他动态定位技术进行动态定位性能检定工作。

参考文献

卞鸿巍，李安，覃方君，等，2010. 现代信息融合技术在组合导航中的应用[M]. 北京：国防工业出版社.

陈新，冯其强，李宗春，2010. 色差对摄影测量精度的影响[J]. 测绘科学，35(6)：80-82.

陈铮，黄桂平，于英，等，2010. UV 镜对摄影测量精度的影响及消除方法研究[J]. 宇航计测技术，30(5)：69-71.

程开富，2004. 一种新颖的 Foveon X3 CCD 图像传感器[J]. 电子元器件应用，11(6)：24-27.

楚万秀，2008. 近景摄影测量标志点设计及信息处理研究[D]. 上海：东华大学.

丛佃伟，李军正，刘婧，2011. 全球导航卫星系统(GNSS)"导航战"攻防技术研究[C]. 郑州：全国博士生学术论坛(测绘科学与技术)组委会.

丛佃伟，许其凤，董明，2014. 空中摄影测量定位技术用于 GNSS 动态定位精度评估的可行性研究[C]// 第五届中国卫星导航学术年会论文集-S6 北斗/GNSS 测试评估技术. 南京：中国卫星导航学术年会.

丛佃伟，许其凤，2015a. 建立 GNSS 动态定位性能检定基准的必要性和初步设想[J]. 卫星与网络(4)：64-67.

丛佃伟，许其凤，董明，2015b. 摄影/惯导组合定位技术在 GNSS 动态定位精度测试中的应用研究[J]. 测绘科学技术学报，32(3)：244-246.

丛佃伟，许其凤，董明，2016. 两步法摄影物点与像点自动匹配方法研究[J]. 测绘通报(2)：87-89.

崔红霞，李国忠，孙颖，2008. 非量测 CCD 数码相机的航空摄影测量应用[J]. 测绘与空间地理信息，31(4)，4-6.

董桂梅，2007. 透镜中心误差影像法测量系统的设计研究[D]. 天津：天津大学.

董明，2014. 卫星/惯性/视觉导航信息融合关键技术研究[D]. 郑州：信息工程大学.

范百兴，2004. 高性能全站仪的研究及其在动态测量中的应用[D]. 郑州：信息工程大学.

冯其强，2010. 数字工业摄影测量技术研究与实践[D]. 郑州：信息工程大学.

冯文灏，2002. 近景摄影测量：物体外形与运动状态的摄影法测定[M]. 武汉：武汉大学出版社.

冯文灏，2004. 工业测量[M]. 武汉：武汉大学出版社.

冯文灏，商浩亮，侯文广，2006. 影像的数字畸变模型[J]. 武汉大学学报(信息科学版)，31(2)：99-103.

冯文灏，2010. 近景摄影测量[M]. 武汉：武汉大学出版社.

付梦印，邓志红，张继伟，2003. Kalman 滤波理论及其在导航系统中的应用[M]. 北京：科学出版社.

高社生，何鹏举，杨波，2012. 组合导航原理及应用[M]. 西安：西北工业大学出版社.

高为广，2005. 自适应融合导航理论与方法及其在 GPS 和 INS 中的应用[D]. 郑州：信息工程大学.

高文，陈熙霖，1999. 计算机视觉：算法与系统原理[M]. 北京：清华大学出版社.

龚涛，1998. 顾及可靠性与精度的近景摄影测量控制点优化设计[J]. 测绘科学技术学报，15(4)：270-273.

郝晓剑,2013.动态测试技术与应用[M].北京:电子工业出版社.
黄桂平,2005.数字近景摄影测量关键技术研究与应用[D].天津:天津大学.
贾峰,衣同胜,李桂芝,2006.T型架光电经纬仪动态精度检测方法的研究与应用[J].光学技术,32(Z1):202-204.
江刚武,2009.空间目标相对位置和姿态的抗差四元数估计[D].郑州:信息工程大学.
江延川,1991.解析摄影测量学[M].郑州:解放军测绘学院.
江振治,2009.基于恒星相机的卫星像片姿态测定方法研究[D].西安:长安大学.
李德仁,袁修孝,2002.误差处理与可靠性理论[M].武汉:武汉大学出版社.
李广云,倪涵,徐忠阳,1994.工业测量系统[M].北京:解放军出版社.
李桂芝,贾峰,纪芸,等,2006.靶场红外成像测量设备精度检测方法研究[J].光学技术,32(Z1):310-312.
李建,李小民,钱克昌,2011.无人机GPS/SINS/Vision组合导航技术[J].中国惯性技术学报,19(4):457-461.
李军正,2004.动态GPS定位检定方法及误差分析[D].郑州:信息工程大学.
李荣冰,刘建业,熊智,2006.基于视觉/GPS/MEMS-SINS的微型飞行器姿态确定系统[J].上海交通大学学报,40(12):2155-2158.
李岩,李清安,杨赛,等.2006.应用高精度全站仪动态标定光学靶标的新方法[J].光电工程,33(9):71-74.
李艺,林宗坚,李佶,等.2009.非量测数码相机单像空间后方交会的辅助分步像主距与像主点的简定[J].测绘科学,34(2):78-80.
李跃,邱致和,2008.导航与定位——信息化战争的北斗星[M].2版.北京:国防工业出版社.
李占利,刘梅,孙瑜,2011.摄影测量中圆形目标中心像点计算方法研究[J].仪器仪表学报,32(10):235-224.
李作虎,2012.卫星导航系统性能监测及评估方法研究[D].郑州:信息工程大学.
廖祥春,冯文灏,1999.圆形标志及其椭圆构像中心偏差的确定[J].武汉大学学报(信息科学版),24(3):235-239.
刘宝,2013.运动模糊图像复原技术的研究与应用[D].重庆:重庆邮电大学.
柳福提,2007.大气温度随高度变化率的推导[J].河南科技学院学报(自然科学版),35(2):32-33.
刘基余,2008.GPS卫星导航定位原理与方法[M].北京:科学出版社.
刘建成,桑怀胜,徐赟,2011.GNSS载波相位动态定位精度试验分析[C].上海:中国卫星导航学术年会组委会.
刘军,2003.高分辨率卫星CCD立体影像定位技术研究[D].郑州:信息工程大学.
刘亚威,2003.空间矩亚像素图像测量算法的研究[D].重庆:重庆大学.
刘勇,宋志刚,2005.GPS测量动态定位精度验收方法研究[J].全球定位系统,30(2):36-40.
陆志方,2007.计量管理基础[M].北京:中国计量出版社.
吕日好,赵长寿,杨中文,等,2006.空间目标姿态角测量计算方法研究[J].仪器仪表学报,27(Z2):1211-1212.

吕志平,张建军,乔书波,2005.大地测量学基础[M].北京:解放军出版社.

吕志伟,郝金明,龚真春,等,2008.CCD校差摄影定位的原理及其静态结果[J].测绘科学技术学报,25(4):260-262.

马晓锋,2009.航天摄影测量定位技术研究[D].西安:长安大学.

毛澍芬,沈世明,1985.射影几何[M].上海:上海科学技术文献出版社.

孟凡玉,2002.GPS接收机综合检定场的建立及其动态检定方法的实现[D].郑州:信息工程大学.

孟祥丽,2009.摄影测量中标记点自动匹配方法研究[J].湛江师范学院学报,30(6):92-95.

苗健宇,张立平,吴清文,等,2008.测绘相机光学镜筒设计、加工及装配[J].光学精密工程,6(19):1649-1653.

牛铁杰,2005.基于图像的透镜中心误差测量系统的研究[D].天津:天津大学.

潘华志,2007.智能全站仪动态测量与数据处理方法研究[D].郑州:信息工程大学.

乔瑞亭,孙和利,李欣,2008.摄影与空中摄影学[M].武汉:武汉大学出版社.

钦桂勤,2011.模拟失重环境星载天线型面水下摄影测量技术研究[D].郑州:信息工程大学.

秦世伟,谷川,潘国荣,2008.RTK-GPS动态定位精度测试研究[J].大地测量与地球动力学.28(5):65-68.

秦永元,2015.惯性导航[M].2版.北京:科学出版社.

秦智,2010.北斗全球导航系统(COMPASS)标准国际化的一点思考[C].北京:中国卫星导航学术年会组委会.

沙占祥,2004.摄影镜头的性能与选择[M].北京:中国摄影出版社.

尚洋,2006.基于视觉的空间目标位置姿态测量方法研究[D].长沙:国防科技大学.

宋超,2012.海上卫星动态定位精度检测技术研究[D].郑州:信息工程大学.

宋美娟,2011.机载GPS动态对动态相对定位精度评估与分析[C].上海:中国卫星导航学术年会组委会.

苏国中,2005.基于光电经纬仪影像的飞机姿态测量方法研究[D].武汉:武汉大学.

隋立芬,宋力杰,2004.误差理论与测量平差基础[M].北京:解放军出版社.

孙浩,2008.融合视觉和惯性传感器的独立运动目标检测[D].长沙:国防科技大学.

孙宁,夏秀梅,乔彦峰,2007.光学动态靶标动态精度检测实验研究[J].长春理工大学学报(自然科学版),30(4):37-39.

万德钧,房建成,1998.惯性导航初始对准[M].南京:东南大学出版社.

王冬,2003.基于多片空间后方交会的CCD相机检校[D].青岛:山东科技大学.

王华,邹伟,2013.常用摄像机标定工具精度研究[J].长春工业大学学报(自然科学版),34(5):517-520.

王平,张近球,高永强,2008.导弹着靶姿态和着靶过程测量方法[J].四川兵工学报,29(3):12-15.

王伟,2001.直升机摄影测量算法与激光监测引导实验[D].成都:电子科技大学.

王莹,2001.直升机着舰CCD摄影测量算法、信标像平面处理及其实验研究[D].成都:电子科技大学.

王勇,2007.基于四元数描述的摄影测量定位理论研究[D].郑州:信息工程大学.
王宇,2005.机抖激光捷联陀螺捷联惯导系统的初步探索[D].长沙:国防科技大学.
汪振治,2009.基于恒星相机的卫星像片姿态测定方法研究[D].西安:长安大学.
王之卓,1979.摄影测量原理[M].北京:测绘出版社.
微凉,金卯,2008.测控技术——国防测试技术的现状与发展趋势——访国防基础科研计划试验与测试技术专家组组长蔡小斌[J].航空制造技术(9):40-44.
吴非,2007.车载激光捷联惯导系统动基座初始对准技术研究[D].长沙:国防科学技术大学.
吴纪国,2005.数字图像处理技术在几何量精密测量中的应用研究[D].绵阳:中国工程物理研究院.
夏家和,2007.舰载机惯导系统的动基座对准技术研究[D].西安:西北工业大学.
谢少锋,2003.测量系统分析与动态不确定度及其应用研究[D].合肥:合肥工业大学.
熊发田,2008.基于大功率LED闪光成像的速度测量研究[D].北京:中国科学院研究生院.
许其凤,2001.空间大地测量学:卫星导航与精密定位[M].北京:解放军出版社.
杨元喜,2006.自适应动态导航定位[M].北京:测绘出版社.
叶声华,秦树人,2009.现代测试计量技术及仪器的发展[J].中国测试,35(2):1-4.
蔚保国,甘兴利,李隽,2010.国际卫星导航系统测试试验场发展综述[C].北京:中国卫星导航学术年会组委会.
郁道银,谈恒英,2001.工程光学[M].北京:机械工业出版社.
于起峰,2008.基于图像的精密测量与运动测量[M].北京:科学出版社.
于文率,2006.视频影像处理中运动目标检测跟踪技术的研究[D].郑州:信息工程大学.
于永军,刘建业,熊智,等,2011.非同步量测特性的惯性/星光/卫星组合算法研究[J].仪器仪表学报,32(12):2761-2765.
原玉磊,2012.鱼眼相机恒星法检校技术研究[D].郑州:信息工程大学.
张保明,2008.摄影测量学[M].北京:测绘出版社.
张德海,梁晋,郭成,2009.摄影测量中CCD相机精度对比方法研究[J].应用光学,30(2):279-284.
张欢,2009.运动模糊图像复原的全变分方法研究[D].西安:西北大学.
张建霞,2006.超轻型飞机数码航空摄影测量初步研究[D].西安:西安科技大学.
张云霞,2006.运动模糊图像的复原与重构[D].大连:大连理工大学.
张宗麟,2000.惯性导航与组合导航[M].北京:航空工业出版社.
赵志刚,2009.动态测量不确定度理论的拓展及其应用研究[D].北京:清华大学.
郑慧,2009.近景摄影测量中人工标志点及其定位方法综述[J].地理空间信息,7(6):30-33.
郑剑,2002.无人直升机GNSS/INS组合导航系统的设计与应用研究[D].北京:北京航空航天大学.
郑晋军,陈忠贵,李长江,等,2010.面向用户的地面模拟测试系统及高精度自标校[C].北京:中国卫星导航学术年会组委会.
中国卫星导航系统管理办公室,2013a.北斗卫星导航系统公开服务性能规范(1.0版)[R].北京:中国卫星导航系统管理办公室.

中国卫星导航系统管理办公室,2013b. 北斗卫星导航系统空间信号接口控制文件-公开服务信号(2.0版)[R]. 北京:中国卫星导航系统管理办公室.

周国辉,2005. CCD摄影测量相机图像数据高速实时存储的研究[D]. 长春:中国科学院研究生院(长春光学精密机械与物理研究所).

周兴,2012. 天文定位系统中恒星定位与识别算法的研究[D]. 成都:电子科技大学.

周忠谟,易杰军,2004. GPS卫星测量原理与应用[M]. 北京:测绘出版社.

AIAA,2004. Equivalent nonlinear error models of strapdown inertial navigation system [J]. Aiaa Journal(1):5609-5612.

AHN S J, WARNECKE H, KOTOWSKI R, 1999. Systematic geometric image measurement errors of circular object targets: mathematical formulation and correction [J]. Photogrammetric Record, 93(16): 485-502.

ANCHINI R, BERALDIN J, LIGUORI C, 2007. Subpixel location of discrete target images in close-range camera calibration: a novel approach[J]. Proc. SPIE, 6491(9): 649110-649110.

BORN M, WOLF E, 2013. 光学原理[M]. 杨葭孙,译. 北京:电子工业出版社.

BORTA J E, 1971. A new mathematical formulation for Strapdown inertial navigation [J]. IEEE Transactions on Aerospace and Electronics System(7):61-66.

BROWN D C, 1971. Close-range camera calibration[J]. Photogrammetric Engineering and Remote Sensing, 37(8): 855-866.

CHATFIELD A B, 2013. Fundamentals of high accuracy inertial navigation [J]. Progress in Astronautics and Aeronautics, 174(1):15-32.

CONG D W, XU Q F, 2015. Low altitude photogrammetry positioning technology in evaluation of GNSS dynamic positioning accuracy [C]//Proceedings of the 2015 Chinese Intelligent Automation Conference. Fuzhou: 2015 Chinse Intelligent Automation Conference.

CLARKE T A, WANG X, 1998. Extracting high precision information from CCD images[C]. Proc. ImechE Conf., London: City University.

FENG S, OCHIENG W Y, WALSH D, et al, 2006. A measurement domain receiver autonomous integrity monitoring algothrim[J]. GPS Solutions, 10(2): 85-96.

GSSF Team, 2007. Galileo system simulation facility-algorithms and models[R]. Darmstadt: VEGA IT GmbH.

HUSTER A, 2003. Relative position sensing by fusing monocular vision and inertial rate sensors[D]. Palo Alto: Stanford University.

KAPLAN E D, HEGARTY H J, 2007. GPS原理与应用[M]. 寇艳红,译. 北京:电子工业出版社.

LABELLE R D, GARVEY S D, 1995. Introduction to high performance CCD cameras[C]//16th International Congress on Instrument in Acrospace Simulation Facilities. Wright-Patterson AFB: IEEE.

LEE H K, BEN S, JOEL B, et al, 2008. Experimental analysis of GPS/pseudolite/INS integration for aircraft precision approach and landing [J]. The Journal of Navigation, 61(2):

257-270.

LICHTI D D, CHAPMAN M A, 1997. Constrained FEM self-calibration[J]. Photogrammetric Engineering & Remote Sensing, 63(9): 1111-1119.

MOHAMMED E D, SPIROS P, 2010. A frequency-domain INS/GPS dynamic response method for bridging GPS outages[J]. The Journal of Navigation, 63(4): 627-643.

MONSECO E H, GARCIA A M, MERINO M R, 2000. ELCANO: Constellation design tool[C]. San Diego: Proceedings of the ION Annual Meeting.

MULLIKIN J C, VLIET L J, NETTEN H, et al, 1994. Methods for CCD camera characterization[J]. SPIE, 2173: 73-84.

OTEPKA J O, HANLEY H B, FRASER C S, 2002. Algorithm developments for automated off-line vision metrology[J]. IAPRS, XXXIV(5): 60-67.

OTEPKA J, 2004. Precision target mensuration in vision metrology[D]. Wien: Technische Universitaat Wien.

PARKINSON B B W, SPILKER J J, AXELRAD P, et al, 2010. Global Positioning System-theory and applications [C]//Progress in Aeronautics and Astronautics (Volume Ⅱ). USA: American Institute of Aeronautics and Astronautics.

QIN H L, CONG L, SUN X, 2012. Accuracy improvement of GPS-MEMS-INS integrated navigation system during GPS signal outage for land vehicle navigation [J]. Journal of Systems Engineering and Electronics, 23(2): 256-264.

REMONDINO F, FRASER C, 2006. Digital camera calibration methods: considerations and comparisons[J]. IAPRS, 36(5): 266-272.

RICHARD S, 2012. 计算机视觉——算法与应用[M]. 艾海舟,兴军亮,等译. 北京:清华大学出版社.

RIEKE-ZAPP D H, TECKLENBURG W, PEIPE J, et al, 2008. Performance evaluation of several high-quality digital cameras[J]. IAPRS, 37(B5): 7-12.

ROBSON S, SHORTIS M R, 1998. Practical influences of geometric and radiometric image quality provided by different digital camera systems[J]. Photogrammetric Record, 92 (16): 225-248.

SAVAGE P G, 1998. Strapdown inertial navigation integration algorithm design part 2: velocity and position algorithm[J]. Journal of Guidance, Control and Dynamics, 21(1): 1-10.

SAVAGE P G, 2006. A unified mathematical framework for strapdown algorithm design [J]. Journal of Guidance, Control and Dynamics, 29(2): 237-249.

SHAH S, AGGARWA J K, 1994. A simple calibration procedure for fish-eye lens camera[C]. San Diego: Proceedings of IEEE International Conference on Robotics and Automation.

SHAKERNIA O, YI M, KOO T J, et al, 1999. Landing an unmanned air vehicle: vision based motion estimation and nonlinear control [J]. Asian Journal of Control, 3(1): 128-145.

SHAKEMIA O, VIDAL R, SHARP C S, et al, 2002. Multiple view estimation motion and control for landing an unrnanned aerial vehicle[C]. Robotics and Automation. ICRA 02 IEEE

International Conference on Vol. 3.

SHARP C S, SHAKEMIA O, SASTRY S S, 2001. A vision system for landing an unmanned aerial vehicle[C]. Robotics and Automation. ICRA IEEE International Conference on Vol. 2.

SHORTIS M R, CLARKE T A, SHORT T, 1994. A comparison of some techniques for the subpixel location of discrete target images[J]. SPIE, 2350: 239-250.

SHORTIS M R, ROBSON S, BEYER H A, 1998. Principal point behaviour and calibration parameter models for Kodak Dcs cameras[J]. Photogrammetric Record, 92(16): 165-186.

TAYLOR R K, 2003. Dynamic testing of GPS receivers[C]. Kansas: ASAE Annual Meeting.

TECKLENBURG W, LUHMANN T, HASTEDT H. 2001. Camera modelling with image-variant parameters and finite elements [C]//Optical 3-D Measurement Techniques V. Heidelberg: Vienna University of Technology.

U. S. Department of Defense, 1995. Global positioning system standard positioning service signal specification[R]. 2nd ed. Washington DC: U. S. Department of Defense.

U. S. Department of Defense, 2001. Global positioning system standard positioning service performance standard[R]. 3th ed. Washington DC: U. S. Department of Defense.

U. S. Department of Defense, 2004. U. S. Space-based positioning, navigation and timing policy[R]. Washington DC: U. S. Department of Defense.

U. S. Department of Transportation, 2008. Federal aviation administration: Global Positioning System wide area augmentation system (WAAS) performance standard[R]. Washington DC: U. S. Department of Transportation.

U. S. Department of Transportation, 2012. Federal aviation administration: Global Positioning System (GPS) standard positioning service (SPS) performance analysis report [R]. Washington DC. U. S. Department of Transportation.

WU A D, ERIC N J, ALISON A. P, 2005. Vision-aided inertial navigation for flight control[J]. Journal of Aerospace Computing, Information and Communication, 11(2): 348-360.

XIONG Y, TURKOWSKI Y, 1997. Creating image based VR using a self-calibrating fisheye lens[C]. San Juan: Proceedings of the IEEE International Conference on Computer Vision and Pattern Recognition.

YU M J, LEE J G, PARK C G, 2004. Nonlinear robust observer design for Strapdown INS in-flight alignment [J]. IEEE Transactions on Aerospace and Electronic Systems, 40: 797.

附录　缩略语

A/D	Analog to Digital　模拟/数字(信号转换)
BDS	BeiDou Navigation Satellite System　北斗卫星导航系统
BDT	BeiDou Navigation Satellite System Time　北斗时
BIH	Bureau International de I'Heure　(法语)国际时间局
BIPM	Bureau International Des Poids et Mesures　(法语)国际计量局
CCD	Charge-Coupled Device　电荷耦合元件
CGCS2000	China Geodetic Coordinate System 2000　2000 国家大地坐标系
CMOS	Complementary Metal Oxide Semiconductor　互补金属氧化物半导体
DOP	Dilution of Precision　精度衰减因子
DSP	Digital Signal Processor　数字信号处理
ECEF	Earth Centered Earth Fixed　地心地固坐标系
FGCC	Federal Geodetic Control Committee　(美国)联邦大地控制测量委员会
Galileo	Galileo Satellite Navigation System　伽利略卫星导航系统
GEO	Geostationary Earth Orbit　地球静止轨道
GLONASS	Global'naya Navigatsionnays Sputnikovaya Sistema (Global Navigation Satellite System)　俄罗斯全球导航卫星系统
GNSS	Global Navigation Satellite System　全球导航卫星系统
GPS	Global Position System　全球定位系统
GPST	GPS Time　GPS 时
GUM	Guide to the Expression of Uncertainty in Measurement　测量不确定度表示指南
IAC	Information Analytical Center　信息分析中心
ICAO	International Civil Aviation Organization　国际民航组织
IEC	International Electrotechnical Commission　国际电工委员会
IERS	International Earth Rotation Service　国际地球自转服务局
IFCC	International Federation of Clinical Chemistry and Laboratory Medicine　国际临床化学和实验室医学联盟
IGSO	Inclined Geosynchronous Satellite Orbit　倾斜地球同步轨道

ISO	International Organization for Standardization 国际标准化组织
IUPAC	International Union of Pure and Applied Chemistry 国际纯粹与应用化学联合会
IUPAP	International Union of Pure and Applied Physics 国际纯粹与应用物理学联合会
KF	Kalman Filtering 卡尔曼滤波
LED	Light Emitting Diode 发光二极管
MEO	Medium Earth Orbit 中圆地球轨道
MPU	Micro Processor Unit 微处理器单元
NAVWAR	Navigation Warfare 导航战
NBS	National Bureau of Standards 美国国家标准局
OIML	International Organization of Legal Metrology 国际法制计量组织
PDOP	Position Dilution of Precision 位置精度衰减因子
PPP	Precise Point Positioning 精密单点定位技术
PPS	Pulse Per Second 秒脉冲
PNT	Positioning, Navigation and Timing 定位、导航与授时
RNP	Required Navigation Performance 精密导航
RTK	Real-time Kinematic 实时动态差分
SDCM	System Differential Corretion and Monitoring 差分校正和监测系统
SINS	Strapdown Inertial Navigation Syestem 捷联惯性导航系统
SIS	Signal-In-Space 空间信号
SPS	Standard Positioning Service 标准定位服务
TAI	International Atomic Time 国际原子时
UEE	User Equipment Error 用户设备误差
UERE	User Equivalent Range Error 用户等效距离误差
URE	User Range Error 用户测距误差
UT	Universal Time 世界时
UTC	Universal Time Coordinated 协调世界时
UTCOE	UTC Offset Error 协调世界时偏差误差